Alain Muselli

Analyse des mélanges complexes de volatils issus des végétaux

Alain Muselli

Analyse des mélanges complexes de volatils issus des végétaux

Éditions universitaires européennes

Imprint
Any brand names and product names mentioned in this book are subject to trademark, brand or patent protection and are trademarks or registered trademarks of their respective holders. The use of brand names, product names, common names, trade names, product descriptions etc. even without a particular marking in this work is in no way to be construed to mean that such names may be regarded as unrestricted in respect of trademark and brand protection legislation and could thus be used by anyone.

Cover image: www.ingimage.com

Publisher:
Éditions universitaires européennes
is a trademark of
Dodo Books Indian Ocean Ltd. and OmniScriptum S.R.L publishing group

120 High Road, East Finchley, London, N2 9ED, United Kingdom
Str. Armeneasca 28/1, office 1, Chisinau MD-2012, Republic of Moldova, Europe
Managing Directors: Ieva Konstantinova, Victoria Ursu
info@omniscriptum.com

Printed at: see last page
ISBN: 978-3-8417-3767-0

Zugl. / Agréé par: Corté, Université de Corse, 2007

SOMMAIRE

I. ENSEIGNEMENT ET RESPONSABILITES COLLECTIVES

ENSEIGNEMENT

Ma première expérience dans l'enseignement supérieur s'est concrétisée au travers d'un contrat de moniteur à la Faculté des Sciences et Techniques de l'Université de Corse (FST-UCPP). Dans le cadre des formations dispensées par le Centre d'Initiation à l'Enseignement Supérieur (CIES) je me suis préparé aux fonctions d'enseignant chercheur. Au cours de stages réguliers, il nous a été proposé une formation générale aux méthodes d'enseignement. Ainsi nous ont été présentés, le fonctionnement des universités françaises et européennes ou encore les évolutions qualitatives du marché de l'emploi. Mon apprentissage s'est surtout réalisé par la pratique. Les trois années du contrat de monitorat ont permis mon initiation aux activités d'enseignement à raison de 64 heures équivalent TD par année universitaire. Au cours de la première année, j'ai assuré des TP de chimie générale et de chimie organique en 1ère année de premier cycle (DEUG et DEUST). Durant les deux années suivantes, j'ai assuré aussi bien des TD que des TP de chimie organique et de chimie analytique en DEUG 2ème année.

Pour l'année universitaire 1998-1999, j'ai bénéficié d'un contrat d'attaché temporaire d'enseignement et de recherche à temps partiel sur contingent spécifique CIES. Ainsi, je me suis davantage impliqué dans l'activité pédagogique en enseignant en 1er et 2ème cycle, assurant des TD et des TP mais aussi quelques cours de chimie organique et chimie analytique. Par ailleurs, j'ai participé à l'encadrement d'étudiants, aux contrôles des connaissances et aux jurys d'examens.

A compter de la rentrée universitaire de septembre 1999, j'ai intégré statutairement l'équipe pédagogique du département de chimie de la FST-UCPP en tant que Maître de Conférences. A ce titre, j'ai été amené à assurer un service complet d'enseignement en 1er, 2ème et 3ème cycle. Tout au long des cinq années qui ont suivi, il m'a été donné d'enseigner sous forme de CM, TD et TP :
- en 1er cycle : l'atomistique et la chimie organique de base,
- en 2ème cycle : les outils de la chimie organique préparant le cours de chimie réactionnelle et la spectrométrie de masse,
- en 3ème cycle : la chromatographie en phase gazeuse et son couplage à la spectrométrie de masse.

Depuis l'année universitaire 2004-2005, notre faculté a basculé dans le système européen LMD. Cette nouvelle organisation a entraîné une restructuration des formations et par conséquent, des contenus pédagogiques des unités d'enseignement. Depuis, j'assure l'enseignement de l'atomistique en 1ère année de Licence « Sciences et Technologies » et j'ai réécrit mes enseignements de chimie

3

analytique pour les adapter au nouveau Master mention Qualité Bio (2 spécialités : Biomolécules et Qualité et Valorisation des Produits du Bassin Méditerranéen).

RESPONSABILITES COLLECTIVES

Mon implication au sein de la structure administrative a débuté en avril 2002, date à laquelle j'ai été élu au conseil scientifique de l'UCPP. Assidu aux séances de ce conseil, j'ai contribué à la mise en place de la stratégie de recherche de l'établissement.

Le doyen élu en juillet 2002, m'a proposé d'être acteur de la gestion de la Faculté des Sciences et ainsi j'ai moi-même été élu vice-doyen chargé des études. Il m'incombait dès lors de gérer le volet de la politique pédagogique à la FST en lien directe avec le doyen, les responsables de filières, les services de la scolarité de l'Université (référent Apogée de la FST) et le secrétariat pédagogique, mais aussi de veiller au bon déroulement de l'année universitaire. J'ai participé à l'optimisation des méthodes de travail du secrétariat pédagogique, à la gestion des heures complémentaires, à l'élaboration des calendriers pédagogiques et à l'organisation des sessions d'examens. Parallèlement à ces tâches administratives souvent ingrates, j'ai contribué à la mise en place de la réforme LMD donc à la refonte de la carte de formation. Beaucoup d'énergie et de temps ont été nécessaires pour expliquer la réforme et convaincre la communauté universitaire de la pertinence du nouveau système en termes de taux de réussite, de pédagogie, d'articulation enseignement-recherche. Ma contribution concrète a été d'organiser la concertation avec en premier lieu les responsables pédagogiques mais aussi avec tous les enseignants chercheurs de la FST. Cette nouvelle carte de formation a pour bases : le décloisonnement des disciplines, une plus grande souplesse dans les parcours offerts, une meilleure cohérence interne des formations en lien avec la recherche et le souci de l'insertion professionnelle des étudiants. Elle fait émerger deux grands domaines de formations : le domaine Sciences et Technologies et le domaine STAPS. Dans le domaine Sciences et Technologies, nous avons construit 6 mentions de Licence couvrant les champs disciplinaires généralistes, 6 mentions de Master avec 10 spécialités dans les domaines de l'Environnement, des Nouvelles Technologies de l'Information et de la Communication et des activités physiques et sportives. Parallèlement, nous avons conservé 4 formations « hors LMD » : un DEUST, une licence professionnelle et deux IUP.

Depuis la rentrée universitaire 2004-2005, j'assure la charge de directeur des études de l'ensemble du domaine Sciences et Technologies. Pour cette raison, je bénéficie d'une décharge équivalente à 96h d'enseignement. Cette nouvelle responsabilité me permet d'être en contact régulier avec les responsables pédagogiques mais aussi, et surtout, avec les étudiants qui sont au cœur du dispositif et qui sont donc notre « baromètre de satisfaction ». Auprès des responsables pédagogiques, mon action concerne :

- la coordination des équipes pédagogiques en définissant les objectifs et en participant à l'évolution des maquettes pédagogiques des formations compilées au sein du règlement des études (document d'une centaine de pages réactualisé annuellement),

- la présidence des jurys d'examens et de sélection pour les années 1 et 2 du cycle L (gestion des notes dans Apogée, édition des PV…), et la validation d'études.

Mon activité est également au service des étudiants : suivi et orientation dans le choix du parcours pédagogique, élaboration d'emplois du temps, gestion de vacataires… Enfin, je participe aux campagnes de communication sur les formations (organisation de l'accueil des élèves du secondaire lors de la journée portes ouvertes, rencontres avec les lycéens lors visites des lycées, participation aux salons étudiants, alimentation du site Web…). Avec le site Web, les meilleurs vecteurs de communication de nos formations sont les salons étudiants auxquels j'ai participé et dont les principaux sont le salon de l'environnement 2004 et 2005 et le salon de l'étudiant 2007.

Le futur immédiat des cursus se résume dans la carte des formations proposée au projet d'établissement 2008-2011. Il s'agit bien entendu d'un projet collectif, le travail a débuté en juillet 2006 et s'est intensifié ces derniers mois dans le but de finaliser notre copie pour le 1er décembre 2007. Ce travail a permis une analyse fine du système, de démonter les mécanismes intimes et d'affiner notre modèle afin d'élaborer, dans le cadre du nouveau contrat quadriennal, un projet réellement basé sur l'attractivité et la qualité des formations. Pour renforcer l'attractivité de l'offre par une qualité accrue des formations dispensées, nous avons élaboré une charte Qualité portant sur 6 champs d'évaluation (information et communication, orientation et examen des candidatures, pédagogie, partenariats, insertion professionnelle, financement) comportant 51 indicateurs. L'ensemble des 51 indicateurs retenus constitue autant d'objectifs Qualité à atteindre. Le projet d'établissement élaboré est un projet radicalement centré sur l'étudiant. Nous avons imaginé un dispositif Enseignement qui renforce la formation, l'insertion et le suivi des étudiants.

Parallèlement, nous avons développé un outil d'aide à la décision capable d'identifier les masters les plus performants, qu'ils soient en renouvellement ou en création. Cet outil est basé sur une liste de critères ou d'indicateurs quantitatifs tels que le nombre et l'origine des étudiants, le nombre et la nature des partenaires de la formation, l'appartenance à un pôle de compétitivité, l'insertion des étudiants…Une application numérique permet de calculer un score pour chaque master après

5

pondération des critères en fonction de leur pertinence. Ce score est comparé au score du master
« idéal » fixé par l'équipe pédagogique. Un ratio est ensuite calculé entre le score de chaque master
et le coût de la formation. Cet outil constitue un élément d'appréciation que nous avons pris en
compte lors de la demande d'habilitation de nos formations.

Enfin, nous voulons encourager l'ouverture de l'Université sur l'extérieur et en particulier sur le
bassin méditerranéen ainsi la délocalisation de plusieurs formations à l'étranger contribue au
rayonnement international de notre établissement : IUP et Master « Intégration des Systèmes
d'Information » (Ecole des Hautes Etudes Commerciales & Techniques, Tanger, Maroc et
Université Française d'Egypte, Le Caire, Egypte), Master « Systèmes Energétiques et Energies
Renouvelables » (Faculté de Silven, Sofia, Bulgarie) et Master « Gestion Intégrée du Littoral »
(Université de Carthage et Faculté des Sciences de Tunis-El Manar, Tunisie).

II. ACTIVITES DE RECHERCHE

PROBLEMATIQUE DE LA RECHERCHE

I. Cadre général

Mes activités de recherche s'inscrivent dans le cadre du projet de recherche « Ressources Naturelles ». Celui-ci regroupe diverses compétences liées au domaine de la chimie, de la biochimie et de l'écologie, portées par des équipes de recherche de l'UCPP, en l'occurrence deux équipes de Chimistes [équipe « Chimie et Biomasse » (CB) ; laboratoire « Chimie des Produits Naturels » (CPN)] et une équipe de Biochimistes [laboratoire de « Biochimie et de Biologie Moléculaire du Végétal »], font partie de la même Unité Mixte de Recherche du CNRS (UMR CNRS-6134) « Systèmes Physiques de l'Environnement ». Ce projet de recherche regroupe aussi d'autres organismes de recherche, notamment l'INRA avec lesquels nous collaborons étroitement.

Le cadre général des travaux de l'équipe « CB » a pour objectif de contribuer à un accroissement de l'utilisation de la biomasse végétale en la valorisant simultanément comme vecteur énergétique (biocombustibles et biocarburants) et comme source de produits industriels (phénols, huiles végétales, huiles essentielles...). Une méthodologie d'analyse originale utilisant la RMN du carbone-13 a été développée pour identifier les constituants majoritaires des produits issus de la biomasse.

Le domaine de recherche du laboratoire « CPN » concerne la valorisation des plantes à parfums, aromatiques et médicinales poussant à l'état spontané ou cultivé en Corse ou encore pouvant y être introduites dans un objectif de développement durable. Ces études visent aussi bien les huiles essentielles des espèces végétales faisant déjà l'objet d'une exploitation que celles de végétaux non encore exploités, susceptibles d'intéresser les producteurs et les industriels. Les techniques analytiques mises en œuvre au laboratoire depuis plusieurs années sont la chromatographie en phase gazeuse et la spectrométrie de masse, techniques de référence utilisées pour l'analyse des huiles essentielles.

Le laboratoire de « Biochimie et de Biologie Moléculaire du Végétal » s'intéresse à la connaissance des mécanismes biochimiques d'action d'enzymes impliqués dans la production des arômes, mais également la détermination des mécanismes d'action de molécules antimicrobiennes sur les bactéries ou la découverte de cibles d'enzymes.

Les travaux menés par ces trois équipes s'inscrivent à différents échelons :

- à l'échelon régional, dans le cadre de la politique menée par la Collectivité Territoriale de Corse (CTC), notamment, l'Agence de Développement Economique de la Corse (ADEC) à travers des appels à propositions de recherche. En outre, la problématique est développée en collaboration avec des producteurs insulaires,

- à l'échelon national, dans le cadre d'une labellisation du Ministère de l'Enseignement Supérieur et de la Recherche et du CNRS,

- enfin, à l'échelon international, dans le cadre des financements de la Communauté européenne à travers les PIC Interreg Italie France « Iles » Sardaigne-Corse-Toscane, mais aussi dans un cadre commun au Ministère des Affaires Etrangères et à la CTC, via leur programme de coopération décentralisée avec les régions d'Hanoi (Viêt-Nam), de Marrakech (Maroc) et de Médenine (Tunisie) mais aussi dans le cadre des collaborations conventionnées ou non avec, notamment, des Universités ou Instituts d'Algérie, du Maroc et de la Côte-d'Ivoire.

Dans le projet « Ressources Naturelles », les substrats de recherche sont :

- les plantes à parfums, aromatiques et médicinales, les huiles essentielles, les extraits et les résines qu'elles contiennent et plus généralement les produits issus de la biomasse, destinés à l'industrie des produits naturels ou à un usage énergétique (biocombustibles).

- les ressources et produits agro-alimentaires typiques (olives et huile d'olives, agrumes, fruits et jus de fruits, charcuterie, produits laitiers, miels, etc.),

II. Contribution à la valorisation des plantes aromatiques et médicinales.

A l'instar de nombreux pays et contrées, la Corse possède une flore abondante, riche et variée dans laquelle il a été dénombré de nombreuses espèces aromatiques susceptibles de fournir des huiles essentielles. Celles-ci sont utilisées dans différents domaines tels que la parfumerie, la cosmétologie, l'aromathérapie, les additifs alimentaires. Elles constituent donc des produits à forte valeur ajoutée. La production mondiale annuelle d'huiles essentielles est de l'ordre de 100 000 tonnes, elle génère environ 10 milliards d'euros par an (1). De nombreux pays émergents, tentent de pénétrer ce secteur. Dans ce contexte, la tendance actuelle du marché international des huiles essentielles va dans le sens d'une production dont la qualité est constante et contrôlée. Il est donc indispensable que le démarrage d'une activité industrielle de ce type se fasse sur des bases solides s'appuyant sur des données objectives. La production et la caractérisation des huiles essentielles, le contrôle de leur qualité tout autant que la mise en évidence d'une éventuelle spécificité nécessite la mise en œuvre des méthodes de préparation et d'analyses les plus modernes. Parallèlement, l'importance des composés volatils organiques dans la physiologie et l'écologie d'un végétal, n'est plus à démontrer, elle a été largement étudiée dans les 10 à 15 dernières années (2). Avec le développement croissant des techniques d'extraction dites « vertes » qui protègent l'environnement, la recherche de techniques alternatives aux méthodes de préparation des échantillons conventionnelles suscite un grand intérêt. Dans ce contexte, nous nous sommes intéressés à l'optimisation des méthodes de préparation et d'identification des constituants des mélanges complexes de volatils.

Le regain d'intérêt pour l'utilisation et la consommation de produits « bio », a conduit les scientifiques à s'intéresser aux huiles essentielles et en particulier aux activités biologiques de leurs constituants. Sur une période s'étalant de 1996 à aujourd'hui, plus de 660 articles sont répertoriés dans Sciencedirect (3) à partir des mots « activity » et « essential oil ». En effet, ces composés présentent l'intérêt d'avoir une faible toxicité, d'être facilement acceptés par les consommateurs et d'avoir un potentiel multi-usages important. En Europe, les huiles essentielles sont surtout utilisées dans l'industrie alimentaire en tant qu'additifs aromatisants, dans l'industrie des parfums et dans l'industrie pharmaceutique pour leurs propriétés fonctionnelles. Si les propriétés antimicrobiennes sont reconnues depuis la fin du 19° siècle, c'est plus récemment que des études ont montré les activités antivirales, antimitotiques, antioxydantes, antiparasitaires, ou encore insectifuges des huiles essentielles (4). Avec la résistance accrue des bactéries aux antibiotiques (5), les constituants des huiles essentielles apparaissent comme des produits de substitutions très intéressants. Il est donc indispensable de chercher des agents actifs contre les bactéries résistantes. De plus, la sécurité alimentaire est l'une des plus importantes préoccupations en santé publique. On estime que 30% de la population des pays industrialisés souffrent d'intoxications alimentaires dues à la présence de micro-organismes au sein des aliments (4). Par ailleurs, l'oxydation des lipides observée pendant le traitement et le stockage des produits alimentaires est responsable de la détérioration de la qualité des aliments mais surtout est néfaste pour la santé humaine. L'utilisation d'antioxydants synthétiques, tels que les dérivés du toluène ou de l'anisole, utilisés pour permettre une meilleure conservation de l'aliment est limitée du fait de leurs propriétés cancérigènes (5). Les huiles essentielles peuvent donc jouer un rôle important et nouveau dans la préservation de la qualité des produits de l'industrie alimentaire (6-9).

III. Contribution à l'amélioration de la qualité des jus d'agrumes et des huiles d'olives.

Au niveau mondial, les fruits du genre *Citrus* occupent la deuxième place de la production fruitière avec 100 millions de tonnes par an (10). En Corse, les *Citrus* bénéficient d'un label qualité sous la forme d'une indication géographique protégée (IGP). Ces fruits suscitent un véritable intérêt économique puisque la production insulaire représente 99% de la production française. Avec l'orange, la mandarine (*Citrus reticulata blanco*) et la clémentine, considérée comme une variété de mandarine (11) ou comme une espèce appelée *Citrus clementina Hort. Ex Tan.*, sont très appréciées dans tout le bassin méditerranéen et dominent aujourd'hui le marché du fruit frais (12). La demande croissante de consommation de fruits de petite taille possédant des qualités organoleptiques optimales a nécessité le développement de nouvelles variétés de fruits en accord avec les goûts des consommateurs. Ainsi, le centre de recherche en Agronomie INRA-CIRAD de San Giuliano de Corse, a développé une technique d'hybridation sexuée qui permet d'obtenir des fruits hybrides entre des mandariniers et des clémentiniers. L'objectif complémentaire de l'hybridation est d'augmenter la résistance des arbres aux maladies et les aider à mieux affronter les conditions climatiques. Les jus obtenus à partir des fruits du genre *Citrus* sont, sans doute, les boissons les plus populaires et les plus appréciés dans le monde. Les jus d'oranges représentent 60% des jus de fruits consommés en Europe (13). Les consommateurs souhaitent consommer des jus qui ressemblent aux fruits frais. En effet, l'arôme responsable de l'odeur du jus, est avec le goût, l'un des principaux facteurs déterminants l'acceptation de l'aliment en stimulant l'appétit du consommateurs. Par ailleurs, l'étape de fabrication et de stockage du produit, peut générer des « off-flavors », molécules odorantes indésirables qui dégradent l'arôme du jus de fruits (14). Il apparaît évident que pour caractériser et contrôler la qualité organoleptique d'un jus, une étape d'analyse de la fraction volatile est indispensable. Nous avons donc réalisé l'étude qualitative et semi-quantitative de la composition chimique de la fraction volatile émise par 65 jus de fruits frais obtenus à partir des hybrides de clémentines et de mandarines et de leurs parents.

L'huile extraite des fruits de l'olivier, est la plus ancienne huile alimentaire connue. L'huile d'olives est un véritable jus de fruit obtenu par simple pression des pâtes d'olives. C'est un produit qui fait partie intégrante de la culture et du régime alimentaire méditerranéen, elle est très prisée pour sa saveur et pour ses effets bénéfiques sur la santé (15). L'oléiculture en Corse, dont la production représentait 10% de la production nationale en 2001 (16), se distingue par une récolte tardive des fruits (olives noires voire sur mâtures) en comparaison des modes de culture des pays du bassin méditerranéen (récolte des olives aux stades tournant ou vert). Afin de protéger la typicité du produit, les oléiculteurs corses sollicitent depuis quelques années la création d'une A.O.C. Dans ce contexte, le Laboratoire de Biochimie et de Biologie Moléculaire du végétal de l'UCPP s'intéresse à l'amélioration de la qualité de l'huile d'olive au travers notamment de l'étude de la biogénèse de son arôme. L'arôme de l'huile d'olive est déterminé par sa composition et sa teneur en composés volatils (17). Les composés volatils sont caractéristiques des « notes vertes et fruitées » qui contribuent à la qualité de l'huile d'olives vierge recherchée par les consommateurs (18, 19). Il s'agit de molécules possédant 5 et 6 atomes de carbone ; plus particulièrement, les aldéhydes et les alcools en C_6, représentent la majeure partie de la fraction volatile de ces huiles. Au sein du fruit, à partir d'acide gras poly insaturés,ces composés sont formés principalement par une voie enzymatique appelée « voie de la lipoxygénase » (LOX) (20). Cette voie se produit lors du processus d'extraction de l'huile d'olives et notamment lors de la première étape de fabrication qui consiste à broyer et malaxer les olives jusqu'à l'obtention d'une pâte. Les aldéhydes et les alcools ainsi formés jouent un rôle important dans la flaveur de l'huile d'olive et donc sur sa qualité. L'activité des enzymes responsables de leur biosynthèse varie en fonction de la variété, du climat et du stade de maturation du fruit (20). Dans ce contexte, nous avons réalisé une analyse qualitative et semi-quantitative des aldéhydes et alcools présents dans la pâte d'olive. Puis, nous avons étudié les variations de leur teneur relative dans la pâte de deux variétés d'olives (*Germaine* et *Leccino*) en fonction du stade de maturité des fruits (vert, tournant et noir). Les six échantillons de pâte analysés (3 de chaque variété) ont été sélectionnés sur la base de leur activité enzymatique maximale pour un stade de maturation donné.

MON PARCOURS DE RECHERCHE

Mon parcours de recherche a débuté au sein de l'équipe « Chimie et Biomasse » (CB), équipe dans laquelle j'ai réalisé mon stage de maîtrise puis préparé la thèse de doctorat. Il se poursuit au laboratoire « Chimie des Produits Naturels » (CPN) dans lequel j'exerce mes activités de chercheur en tant que Maître de conférences. Les deux équipes sont fortement associées dans la thématique des plantes aromatiques et médicinales et ainsi, mon intégration au sein du laboratoire « CPN » s'est faite sans changement fondamental de thème mais plutôt de technique d'analyse.

I. Mes travaux de thèse

L'étude avait pour objectif d'examiner les potentialités de la RMN du carbone-13 comme méthode d'identification des constituants des huiles essentielles [T1]. Nous l'avons appliquée à diverses huiles essentielles obtenues à partir de plantes aromatiques poussant à l'état spontané en Corse et au Viêt-Nam. A côté des techniques d'analyse conventionnelles que nous décrirons par la suite, une voie d'analyse originale qui a recours à la RMN du carbone-13 décrite par Formacek et Kubeczka (21-23) a été développée par l'équipe « Chimie et Biomasse » de l'UCPP (24, 25). La méthode est basée sur l'identification, dans le spectre de RMN du carbone-13 du mélange, des différentes raies de résonance d'un composé donné en les comparant avec celles des spectres de produits purs contenus dans une bibliothèque adaptée. La méthode s'est révélée efficace pour identifier les constituants de divers mélanges complexes naturels : les terpènes dans les huiles essentielles, les triterpènes dans les extraits dichlorométhaniques du liège, les phénols polysubstitués dans les liquides de pyrolyse de la biomasse (biocombustibles), les triglycérides et les acides gras dans l'huile d'olive et les extraits lipidiques de la farine de châtaigne, dans la matière grasse du lait et les sucres dans les miels. Pour chaque famille de composés, cela a nécessité, d'une part, l'élaboration et l'optimisation d'un protocole expérimental (choix du solvant, dilution, séquences impulsionnelles), de manière à obtenir une bonne résolution des signaux et surtout, permettre une parfaite reproductibilité des mesures des déplacements chimiques et d'autre part, la création d'une bibliothèque de spectres. Tous les spectres d'une même famille de composés sont enregistrés dans des conditions rigoureusement identiques (excepté le nombre d'accumulations), ces conditions ont été choisies pour correspondre au meilleur compromis entre l'identification d'un maximum de composés et une durée raisonnable d'utilisation de l'appareil. L'identification est réalisée à l'aide d'un logiciel, conçu au laboratoire, qui effectue la comparaison du déplacement chimique de chaque carbone du spectre du mélange avec ceux des spectres des composés purs répertoriés dans les diverses bibliothèques conçues à cet effet. Ce logiciel permet de plus l'édition de toutes les informations nécessaires à la caractérisation des constituants du mélange, à savoir l'attribution des pics, les variations de déplacements chimiques et les superpositions. Ainsi, l'identification des composés présents dans un mélange est rendue possible par la prise en compte des paramètres suivants :

- le nombre de pics observés par rapport au nombre de pics attendus pour chaque molécule ;
- le nombre de superpositions des signaux qui peuvent se produire quand les différents effets stériques et électroniques font que deux carbones appartenant à deux molécules différentes ont fortuitement le même déplacement chimique, ou quand les composés présents ont une partie de leur squelette très proche ;
- les variations des déplacements chimiques des carbones dans le spectre du mélange par rapport aux valeurs de référence ($\Delta\delta$) ;
- l'intensité des raies de résonance observées qui permet éventuellement de contrôler l'appartenance d'un signal d'un carbone à un composé donné.

Au cours de mon doctorat nous avons tout d'abord démontré la bonne adaptabilité de la RMN du carbone-13 à l'étude de la variabilité chimique en analysant les huiles essentielles obtenues à partir de plantes aromatiques de Corse (*Crithmum maritimum* et *Inula graveolens*) et du Viêt-Nam (*Litsea cubeba* et *Illicium griffithii*). Par ailleurs, nous avons montré comment la composition chimique d'une huile essentielle peut constituer un outil d'aide à la détermination taxonomique d'une plante. Par la suite nous avons mis en évidence l'intérêt de la RMN du carbone-13 pour l'identification de molécules possédant des spectres de masse insuffisamment différenciés ou des indices de rétention proches tels les stéréoisomères et les molécules thermosensibles. Parallèlement, nous avons montré comment il était possible d'identifier des constituants d'une huile essentielle en utilisant des bibliothèques de spectres construites à partir des données de la littérature, ce qui augmente considérablement les possibilités de la méthode. Nous avons également utilisé nos bibliothèques de spectres du carbone-13 pour retrouver des structures partielles de molécules non décrites, ce qui a permis de reconstruire la molécule recherchée. Enfin, nous avons montré l'intérêt de combiner les différentes techniques CPG/Ir, CPG/SM et RMN du carbone-13 pour l'identification des constituants de deux huiles essentielles du Viêt-Nam : *Acanthopanax trifoliatus* et *Eupatorium coelestinum*. Ces travaux ont donné lieu à 5 publications [P1-P5] et 11 communications [C1-C4, C15-C21].

II. Mes activités de recherche post doctorat

Les mélanges complexes de volatils issus des plantes aromatiques et médicinales ou des ressources et produits agro-alimentaires constituent de magnifiques substrats d'études. Les natures de ces substrats liquides (huiles essentielles et extraits) et gazeux (fraction volatile émise par une plante ou extraite de jus d'agrume et de pâte d'olive) ont été pour nous l'occasion de développer un travail méthodologique et appliqué totalement complémentaire tant au niveau de la préparation des échantillons que de l'analyse de leurs constituants.

L'aspect méthodologique de mon activité recherche post doctorat peut se décliner selon deux périodes d'activité :

- riche de mon expérience doctorale dans le domaine de la RMN des mélanges, j'ai mis à profit une période d'intégration au laboratoire « CPN » pour appréhender les potentialités et les finesses de la chromatographie en phase gazeuse et de la spectrométrie de masse pour l'identification des constituants d'une huile essentielle. Si au cours de ma thèse j'ai pu m'initier à l'utilisation des techniques chromatographiques, le véritable apprentissage et la maîtrise de ces techniques ont nécessité une longue période confirmant ainsi que l'analyste ne peut être un simple « presse bouton ». Dans ce contexte le couplage CPG/SM est devenu la méthode d'analyse de base de mes travaux.

- la seconde période a été consacrée à l'élaboration de deux nouvelles pistes de travail :

  o j'ai participé à l'optimisation de la méthode d'analyse existante au laboratoire par l'adjonction du mode de l'ionisation chimique à la méthodologie du laboratoire. La mise en œuvre de la CPG/SM-IC a nécessité une adaptation technique (optimisation de paramètres d'ionisation) mais aussi théorique (maîtrise du principe, bibliographie sur l'utilisation de l'IC dans le domaine des huiles essentielles). L'utilisation de la CPG/SM-IC en complément de la CPG/SM-IE et/ou la RMN du carbone-13, s'est avérée efficace pour l'identification des constituants des huiles essentielles.

  o parallèlement, je me suis investi dans une nouvelle thématique qui concerne la préparation des échantillons, en étudiant la fraction volatile de matrices d'origine végétale par micro-extraction en phase solide (MEPS). Si les huiles essentielles sont aisément préparées par hydrodistillation, « l'échantillonnage » par MEPS de la fraction volatile d'une matrice solide ou liquide a nécessité un temps d'apprentissage.

D'un point de vue appliqué, nous avons poursuivi notre action de soutien à la filière PPAM en collaboration avec les producteurs locaux sur des huiles essentielles susceptibles d'élargir leur gamme de produits en réalisant leur analyse et l'étude de leur variabilité chimique. Nous avons également contribué à l'amélioration de la qualité de produits de la filière alimentaire du bassin méditerranéen tels les jus d'agrumes et l'huile d'olive. L'aspect appliqué de mon activité a également été l'occasion d'explorer deux nouvelles pistes de travail en relation avec le thème des huiles essentielles :

- l'utilisation d'une nouvelle technique d'extraction assistée par micro-ondes pour l'obtention d'huiles essentielles et d'extraits de plantes,
- la mise en évidence des activités biologiques et l'identification des principes actifs d'huiles essentielles et extraits.

C'est cette activité de recherche post-doctorat que je me propose d'expliciter dans le chapitre qui suit, intitulé « Analyse des mélanges complexes de volatils ». Je décrirai tout d'abord, les méthodes de préparation de l'échantillon et en particulier l'extraction assistée par micro-ondes, sa comparaison avec l'hydrodistillation et l'optimisation des paramètres d'extraction en micro-extraction en phase solide (Partie I). Je poursuivrai par une présentation des méthodes analytiques (Partie II) et leurs applications à l'identification et la quantification des constituants des huiles essentielles, des extraits et de la fraction volatile émise par des matrices d'origine végétale à l'aide du couplage de la chromatographie en phase gazeuse avec la spectrométrie de masse (CPG/SM-IE et/ou -IC) associé ou non avec la Résonance Magnétique Nucléaire (Partie III). A l'interface des parties précédentes, je donnerai les principaux résultats que nous avons obtenus sur la mise en évidence des activités biologiques et l'identification des principes actifs d'huiles essentielles et extraits (Partie IV). Enfin, je terminerai par un aperçu des travaux en cours et une projection dans le futur immédiat et à plus long terme (Partie V).

Conformément à l'esprit d'une HDR, ce document est une synthèse de mon activité de recherche dans laquelle j'ai fait apparaître mon expérience et mes compétences dans l'animation d'une recherche. Pour le détail des résultats, je vous propose de vous référer au tome 2 du document où sont présentés mes travaux [P1-22].

ANALYSE DES MELANGES COMPLEXES DE VOLATILS

Les huiles essentielles, la fraction volatile émise par une plante aromatique ou encore les arômes responsables des propriétés organoleptiques d'une denrée alimentaire constituent des mélanges complexes de volatils qui suscitent un intérêt grandissant. La valorisation de ces mélanges passe nécessairement par une étape de caractérisation chimique. Pour cela, il apparaît que l'étape de préparation de l'échantillon est tout aussi fondamentale que celle de l'analyse proprement dite des constituants (26-29) pour plusieurs raisons :

- ces mélanges volatils sont généralement des mélanges complexes constitués majoritairement de molécules terpéniques (mono- et/ou sesquiterpènes et plus rarement des diterpènes), mais aussi de composés non terpéniques (chaînes linéaires, dérivés phénylpropanoïques, etc.) (30). L'identification de ces molécules nécessite donc des techniques analytiques fiables et efficaces (29),

- la complexité des ces mélanges vient également du fait qu'ils sont constitués de plusieurs dizaines, voire plusieurs centaines de composés présents à des concentrations parfois extrêmement faibles. Classiquement la concentration perceptible pour les molécules odorantes peut être inférieure au nanogramme par litre, en conséquence les procédures analytiques doivent présenter des sensibilités extrêmement élevées (31, 32),

- certaines molécules odorantes présentent une instabilité chimique sous l'action de la lumière, de la température, en condition oxydante ou au cours d'une étape de transformation avant commercialisation. Ainsi, à pression atmosphérique le temps de vie d'un monoterpène soumis à une exposition lumineuse est estimé entre moins de 5 min pour l'α-terpinène à 3 h pour l'α- et le β-pinène (28). Les procédures de préparation des échantillons doivent être adaptées à la nature des constituants de la matrice à étudier,

- pour les composés volatils générés à partir de sources biologiques, telles que les plantes ou les animaux, des difficultés analytiques surgissent du fait de la nature dynamique de ces systèmes (2). Le fait que la production et l'émission des composés volatils d'une plante soient affectées par des facteurs comme la lumière, la température, un stress hydrique, une activité enzymatique ou la présence de polluants, introduit des difficultés dans l'analyse. Ainsi, des procédés analytiques ont été développés permettant l'échantillonnage in vivo de la fraction volatile des plantes (33).

PARTIE I : LES METHODES DE PREPARATION DE L'ECHANTILLON

Les méthodes de préparation des échantillons ont fait l'objet de nombreuses revues récentes qui décrivent les potentialités et les limites des procédures généralement mises en œuvre pour l'étude des composés volatils issus de plantes ou de produits de l'industrie alimentaires (14, 28, 33-42). Nous distinguerons les méthodes d'extraction produisant des matrices liquides telles que les huiles essentielles et les extraits, des méthodes permettant d'échantillonner les analytes dans la phase gazeuse de matrices solides ou liquides.

I.1. L'extraction assistée par micro-ondes, une alternative à l'hydrodistillation.

Les huiles essentielles sont généralement obtenues par hydrodistillation dans un appareil de type Clevenger (43), toutefois de nombreuses techniques ont été développées dans le but de limiter le temps d'extraction, la consommation en eau et en énergie, d'augmenter le rendement d'extraction et d'améliorer la qualité de l'huile essentielle en évitant les dégradations thermiques et hydrolytiques (44-46). A côté de la distillation-extraction utilisant un appareil de type Lickens-Nickerson (28), de l'extraction par fluide supercritique (37), l'extraction assistée par micro-ondes est considérée comme une méthode alternative pour l'extraction des substances naturelles des végétaux.

De nombreux travaux décrivent le principe de fonctionnement des micro-ondes, l'action des solvants et l'application de cette technique à l'obtention d'huiles essentielles (39, 46-63). Les micro-ondes (μ-ondes) interagissent simultanément et sélectivement par rotation dipolaire et conduction ionique avec les molécules polaires présentes dans les glandes sécrétrices du végétal entrainant un chauffage localisé suivi d'une expansion puis d'une rupture des membranes cellulaires. Les analytes sont alors libérés dans le solvant, on parle d'extrait au solvant (50, 62). Ce procédé présente un grand intérêt notamment pour l'extraction de composés thermosensibles puisqu'en utilisant un solvant de faible constante diélectrique ce dernier reste froid (50). Pour l'obtention des huiles essentielles, plusieurs procédures ont été développées (46-61). L'extraction que nous avons mis en œuvre a été décrite par Luchessi et Coll. (46), elle est réalisée sans ajout de solvants organiques, par simple humidification du végétal sec avant extraction. Dans ce cas l'eau localisée en surface du végétal surchauffe libérant ainsi les composés volatils dans le milieu environnant afin qu'ils soient récupérés par distillation. Le procédé correspond ni à une extraction assistée par μ-ondes classique consommatrice de solvant, ni à une hydrodistillation consommatrice d'eau, mais à une originale combinaison entre un chauffage par μ-ondes et une distillation à sec à pression atmosphérique.

Nous avons mis en œuvre ces procédés d'extraction pour étudier les compositions chimiques d'huiles essentielles et d'extraits de deux plantes aromatiques d'Algérie : *Saccocalyx satureioides* Coss. et Dur. et *Origanum glandulosum* Desf [P6, P7]. Ce travail a été réalisé en collaboration avec le laboratoire de « Chimie Organique, Substances Naturelles et Analyse » (COSNA) de l'Université Aboubekr BELKAID de Tlemcen (Algérie).

Les 3 techniques d'extraction, hydrodistillation, extraction assistée par µ-ondes sans solvant et avec solvant, ont été comparées en terme de temps d'extraction, de rendements et de compositions chimiques des huiles essentielles (HD et HMO) et de l'extrait (EMO) (Tableau 1).

	S. satureioides			*O. glandulosum*		
	HD	HMO	EMO	HD	HMO	EMO
Masse de matière végétale séche (g)	200	25	25	200	25	25
Temps d'extraction (mn)	240	20	2	240	20	2
Rendement % (matière séche)	2,3	1,9	1,0	4,8	3,3	1,0
Composés hydrocarbonés (%)	21,8	16,0	9,7	54,2	10,1	25,9
Composés oxygénés (%)	75,3	77,8	71,1	45,6	87,4	72,0
Monoterpènes hydrocarbonés (%)	20,9	15,0	3,5	52,2	8,0	22,9
Monoterpènes oxygénés (%)	71,1	72,3	64,2	45,1	87,0	71,6
Sesquiterpènes hydrocarbonés (%)	2,3	1,9	3,7	1,8	2,1	3,0
Sesquiterpènes oxygénés (%)	4.2	4,3	3,8	0,2	0,3	0,3
Autres composés	-	-	2,7	0,3	0,1	0,4

Tableau 1 : Comparaison des trois modes d'extraction, hydrodistillation (HD), extraction assistée par µ-ondes sans solvant (HMO) et avec solvant (EMO).

Les extractions assistées par µ-ondes sont plus rapides que l'hydrodistillation (2 et 20 mn contre 240 mn, respectivement). De plus, l'extraction assistée par µ-ondes sans solvant produit un rendement en huile essentielle quasi-identique à celui de l'hydrodistillation en un temps 12 fois plus court : 1,9% pour HMO contre 2,3% pour HD (rendements calculés à partir de la masse de matière sèche) pour *S. satureioides* et 9 fois plus court pour *O. glandulosum* (3.3 % pour HMO en 4.8 % en HD). En terme de composition chimique, on constate que les mélanges obtenus par HMO et EMO sont caractérisés par des fortes proportions en composés oxygénés. En effet, l'extraction assistée par µ-ondes favorise l'extraction sélective des composés polaires sensibles à la rotation dipolaire et à la conduction ionique et de plus la faible quantité d'eau utilisée, évite les décompositions thermiques ou hydrolytiques des composés oxygénés (46, 59). Ces résultats confirment que l'extraction assistée par micro-ondes sans solvant constitue une véritable méthode alternative pour l'obtention des huiles essentielles. En comparaison avec l'hydrodistillation qui est la méthode conventionnelle, à rendement d'extraction analogue, elle permet de réduire le temps d'extraction et d'améliorer la qualité d'une huile essentielle. Cette méthode contribue à la préservation des espèces végétales car une très faible quantité de végétal est nécessaire. Par ailleurs, elle limite la consommation d'énergie et le rejet de CO_2 dans l'atmosphère (59). L'ensemble des résultats démontre que cette méthode possède un réel champ d'application dans les domaines de prédilection des huiles essentielles, à savoir la parfumerie, la phytothérapie, les cosmétiques et l'agro-alimentaire.

I.2. La micro-extraction en phase solide MEPS, un échantillonnage en phase gazeuse.

Avec l'apparition de la chromatographie en phase gazeuse dans les années 50 et l'expansion du pouvoir séparatif des colonnes capillaires dans les années 80, les techniques d'extraction de composés volatils ont connu de nombreux développements (64-65). Nous décrirons plus particulièrement les techniques de pré-concentration en « espace de tête » plus connues sous le vocable anglo-saxon « headspace». L'abréviation EdT sera utilisée dans la suite du document pour désigner l'« espace de tête ». La première utilisation du terme « headspace » date de 1960 et la première application de ce concept combinée à la CPG date de 1958 (38). Au cours des 20 dernières années, ce procédé d'extraction a connu un regain d'intérêt qui coïncide avec le succès toujours croissant que connaissent les techniques d'extractions « vertes » c'est à dire sans solvant (38). L'extraction par exposition de l'EdT consiste à prélever les composés volatils contenus dans la phase gazeuse en équilibre (ou non) avec une matrice solide ou liquide, avant leur caractérisation. Traditionnellement, le prélèvement s'opère en mode statique ou en mode dynamique.

Le développement de techniques de prélèvement qui augmentent la capacité de concentration des analytes dans l'EdT a permis d'associer la simplicité, la reproductibilité et la facile automatisation de l'EdT-statique, à la sensibilité et la sélectivité de l'EdT-dynamique (66). Elles permettent l'accumulation statique ou dynamique de composés volatils sur des polymères qui opèrent par absorption ou adsorption, ou plus rarement sur des solvants (38). Ainsi il a été développé pour l'étude des composés volatils des matrices végétales, plusieurs procédés de prélèvement à haute capacité de concentration dans l'EdT, (66-78), parmi lesquels, la micro-extraction en phase solide (MEPS) qui a été la première technique à HCC développée.

L'EdT-MEPS est une technique de préparation d'échantillon sans solvant, simple, rapide, sensible, reproductible, peu couteuse et nécessitant une faible quantité d'échantillon. Elle a été développée par Arthur et Pawliszyn en 1990 (79) et appliquée au prélèvement dans l'EdT en 1993 (80). Aujourd'hui, plus de 300 articles scientifiques ont été publiés sur le sujet depuis son introduction (81). Sa combinaison aisée avec des techniques chromatographiques comme la CPG, la CPG/SM, la chromatographie liquide haute performance (CLHP), la CLPHP-MS ou encore la CPG/olfactométrie, explique son succès pour l'étude des composés polaires et apolaires volatils contenus dans des matrices complexes, solides ou liquides d'origine végétale (2, 34, 38, 82-85).

Nous avons appliqué l'EdT-MEPS à l'étude des composés volatils extraits d'une part, de deux matrices solides, les parties aériennes d'*Adenostyles briquetii* Gamisans [P8], plante endémique de Corse et la pâte de deux variétés d'olives (*Germaine* et *Leccino*) et d'autre part d'une matrice liquide, les jus d'agrumes [C5, C22].

L'extraction par EdT-MEPS consiste en une adsorption et/ou un partage des molécules volatiles sur une fibre de silice fondue revêtue d'un polymère après leur distribution entre la matrice (solide ou liquide) et la phase gazeuse qui constitue l'EdT. Au pouvoir de séparation du polymère est associé la désorption thermique avant l'analyse. Les phénomènes d'adsorption et/ou de partage mis en jeu ne correspondent pas à une extraction totale des composés volatils car l'extraction par exposition dans l'EdT est basée sur un phénomène thermodynamique qui implique deux équilibres : le premier concerne l'équilibre entre la matrice et la phase gazeuse (EdT) et le second correspond à l'équilibre entre la phase gazeuse et le revêtement de la fibre. Ainsi, à partir des coefficients de partage de l'analyte entre les phases, des volumes de la matrice et du polymère absorbant et de la concentration de l'analyte dans la matrice, il est possible de calculer la quantité d'analyte fixée par la fibre dans le but de le quantifier (80). L'extraction en EdT est également fonction de la cinétique du transfert de masse qui a lieu lors de la diffusion des composés volatils dans les 3 phases de diffusion : la matrice, l'EdT et le polymère recouvrant la fibre (80).

Du fait que la MEPS est une méthode simple de préparation des échantillons, il serait réducteur de penser que l'extraction est un processus simple à réaliser. La nature et la concentration des analytes ainsi que la complexité des matrices à partir desquels ils sont extraits, détermine le niveau de difficulté du processus d'extraction (85). Ainsi, quelles que soient les matrices végétales étudiées, la mise en œuvre de la EdT-MEPS nécessite une étape d'optimisation des paramètres d'extraction afin d'obtenir une bonne reproductibilité et la meilleure sensibilité. Les paramètres à examiner sont la nature de la fibre (polymères liquides et/ou poreux), le volume d'échantillon (variable selon la nature solide ou liquide de la matrice), les conditions d'extraction (pH, agitation, ajout de sels), le temps d'équilibre et d'extraction (variables selon la concentration de l'analyte et son coefficient de distribution), la température, paramètre primordial comme nous montrerons par la suite et enfin, les conditions de désorption.

L'influence des ces paramètres a été démontrée sur le rendement qualitatif et quantitatif de l'extraction (81, 86-92). Selon la littérature il apparaît que le meilleur rendement d'extraction par exposition dans l'EdT, est obtenu avec les fibres triples constituées d'une phase liquide, le Polydiméthylsiloxane (PDMS) pour les composés les moins polaires et de deux phases solides poreuses, le Carboxen (CAR) et le Divinylbenzène (DVB) pour les composés les plus polaires. Ce type de fibre permet l'extraction de composés volatils sur une large gamme, s'étendant de C_3 à C_{20}. Pour l'étude des composés volatils extraits d'une plante, la préparation de l'échantillon est généralement réalisée à température ambiante sur du végétal frais, coupé en morceau dont le rapport entre la masse de la matrice et le volume de l'espace de tête sont compris entre 0,01 et 0,1 (87, 92-98). L'extraction des composés volatils des jus de fruits est classiquement réalisée sous agitation avec ou sans ajout de sel à la matrice qui occupe un volume dans un rapport 1/1 avec la phase gazeuse (99-108). A notre connaissance, aucune étude n'a été réalisée par MEPS sur l'évolution des teneurs des arômes de la pâte d'olive, toutefois l'extraction des arômes présents dans les huiles d'olives vierges est réalisé généralement sous agitation et à température ambiante afin de ne pas limiter l'activité enzymatique (18-19, 73, 109-113). Il est à signaler qu'il existe une grande variation dans les conditions de température et de temps d'équilibre et d'extraction selon les auteurs et la nature de la matrice.

L'optimisation des paramètres d'extraction a été réalisée sur la base de la réponse maximale mesurée en CPG-FID c'est à dire la somme des aires de tous les pics chromatographiques intégrés sur le chromatogramme. La mise au point du protocole expérimental d'extraction est une étape essentielle qui faut appréhender avec méthode. A titre d'exemple, après avoir fixé la nature de la fibre et le volume d'échantillon, l'optimisation des temps et des températures d'extraction, a nécessité pas moins de 75 injections en CPG pour l'étude des composés volatils contenus dans les parties aériennes d'*A. briquetii*. La température et le temps d'équilibre ont tout d'abord été sélectionnés après respectivement 5 températures d'expérience à 25, 35, 50, 70 et 90°C et 5 temps d'expérience de 20, 40, 60, 80 et 100 mn puis une fois les deux paramètres optimisés, le temps d'extraction a été sélectionné après 3 temps d'expériences à 15, 30 et 45 mn. Les conditions optimales retenues pour les trois matrices étudiées, sont regroupées dans le tableau 2.

Afin de valider la répétabilité de la méthode, toutes les analyses des différentes fractions volatiles ont été systématiquement répliquées trois fois dans les mêmes conditions. La répétabilité de la méthode, exprimée par le coefficient de variation (CV), est représentative de la fiabilité des résultats. Le calcul du CV de l'aire totale du signal CPG-Ir et les CV des aires de plusieurs composés représentatifs du mélange a été systématiquement réalisé et des CV toujours inférieurs à 15%, permettent de valider la répétabilité de la MEPS pour l'extraction des composés volatils dans les trois matrices.

Nature de la matrice	Solide		Liquide
Matrice	Plante	Pâte d'olives	Jus d'agrumes
Mode d'extraction	« espace de tête »		
Nature de la fibre	DVB/CAR/PDMS (50/30 µm, 2 cm)		
Volume et quantité de l'échantillon (dans vol. de 20 mL)	0,7 g	7 g	10 mL
Agitation	-	-	magnétique
Ajout de sel	-	-	non
Temps d'équilibre (mn)	60	60	120
Temps d'extraction (mn)	30	45	120
Température d'extraction (°C)	70	25	40
Condition de désorption	250 °C pendant 5 minutes		
Aire totale CPG-FID / 10^4	7314	116	1834

Tableau 2 : Paramètres MEPS optimisés pour l'étude de la fraction volatile de trois matrices, parties aériennes d'A. briquetii, pâte d'olives de la variété Leccino et jus d'agrumes.

Par ailleurs, le travail mené sur la fraction volatile émise à partir des parties aériennes et les organes séparés d'A. briquetii [P8] confirme que la température d'extraction est le paramètre le plus important à maîtriser et démontre qu'elle peut être utilisée pour favoriser l'extraction spécifique de classes de composés :

• à température ambiante (25°C), les proportions de monoterpènes hydrocarbonés et de composés acycliques non terpéniques sont optimales,

• à une température moyenne (35-50°C), la proportion de sesquiterpènes hydrocarbonés augmente,

23

- à température élevée (70-90°C), l'extraction des sesquiterpènes oxygénés est exaltée.

La MEPS apporte donc des informations qualitatives sur la composition de la fraction volatile d'une plante et ce à partir d'une quantité de végétal très faible. Au niveau quantitatif, les paramètres utilisés influencent grandement le rendement d'extraction. En effet, la comparaison des compositions chimiques de l'huile essentielle et de la fraction volatile émise par *A. briquetii*, montre des différences quantitatives. Les composés majoritaires de l'huile essentielle sont le germacrène D (18,5 %), le zingibérène (12,9 %), la β-oplopénone (10,8 %) et le β-élémène (5,9 %) alors que les analyses après concentration de la fraction volatile émise par les parties aériennes donnent comme composés majoritaires, le zingibérène (56,4 %), le germacrene-D (17,1 %), le β-élémène (10,9 %) et de la β-oplopénone (1,8 %).

La question que l'on peut légitimement se poser est celle de la corrélation entre les compositions chimiques des mélanges complexes de volatils obtenus par hydrodistillation et ceux extraits par MEPS. Il est difficile d'établir une corrélation directe puisque la première technique est une technique d'épuisement de la matrice alors que la seconde est régie par un double équilibre et une compétition entre molécules interférentes au niveau des sites de fixation. La MEPS permet de donner une composition de la fraction volatile pour une température donnée. En fait la meilleure réponse est donnée par l'étude de l'influence de la température d'extraction sur l'abondance relative des différentes familles de composés. La température optimale d'extraction est seulement un compromis basé sur la quantité maximale d'analyte absorbée. Cette technique s'avère donc particulièrement bien adaptée à l'étude des composés volatils issus de végétaux produisant peu ou pas d'huile essentielle.

PARTIE II : LES METHODES D'ANALYSE DES MELANGES COMPLEXES DE VOLATILS

L'analyse d'un mélange complexe volatil s'effectue classiquement par le couplage « en ligne » d'une technique chromatographique, généralement la CPG, avec une technique d'identification spectrale, généralement la spectrométrie de masse (SM) ou, quelques fois, la Spectrométrie Infrarouge par Transformée de Fourier (IRTF). Cette procédure est privilégiée lors de la réalisation d'analyse « de routine » d'un échantillon dont les constituants ne présentent pas de difficultés d'identification (27, 29). Dès lors que l'étape d'identification se complexifie, la procédure nécessite un fractionnement de l'échantillon par chromatographie sur colonne (CLC), qui peut se poursuivre jusqu'à la purification d'un constituant par distillation fractionnée ou par des techniques chromatographiques préparatives. L'objectif étant d'aboutir à son élucidation structurale par les techniques spectroscopiques usuelles : Résonance Magnétique Nucléaire du proton (RMN-^{1}H) et du carbone-13 (RMN-^{13}C), SM, IR, etc...

Au laboratoire CPN, l'identification des constituants d'une huile essentielle ou de la fraction volatile extraite d'une matrice d'origine végétale est réalisée par des techniques d'analyses conventionnelles. La maîtrise de ces techniques chromatographiques a nécessité un investissement personnel qui passe par leur utilisation, leur adaptation et leur perfectionnement, mais surtout par la mise en œuvre d'une méthodologie d'analyse rigoureuse. Celle-ci est basée sur l'utilisation conjointe de la CPG/Ir et de la CPG/SM-IE (figure 1).

Le mélange complexe volatil (fractionné ou non dans le cas d'huile essentielle) est analysé simultanément par CPG/Ir et CPG/SM-IE. Le calcul des Ir, polaires et apolaires, et la quantification des composés s'effectuent par CPG/Ir. L'analyse par CPG/SM permet d'obtenir les spectres de masse des divers constituants qui, à l'aide d'un logiciel, sont ensuite comparés à ceux répertoriés dans des bibliothèques, l'une élaborée au laboratoire et les autres, commerciales, en éditions traditionnelles ou informatisées [Jennings et Shibamoto (114) Joulain (115, 116), Wiley (117, 118), Adams (110), Nist (120)]. Afin de rendre performante l'identification, il est préconisé de posséder une bibliothèque riche mais surtout adaptée au domaine d'investigation (27). La bibliothèque « Arômes » construite au laboratoire, est élaborée à partir de spectres de masse enregistrés dans les mêmes conditions opératoires que celles utilisées pour l'analyse des mélanges complexes, assurant ainsi une fiabilité accrue dans l'identification. Elle contient actuellement les indices de rétention sur deux colonnes de polarité différentes et les spectres de masse de plus de 700 composés volatils dont plus de 500 molécules terpéniques. Cette bibliothèque a été constituée à partir de molécules disponibles dans le commerce et elle est enrichie continuellement par des molécules isolées par fractionnement à partir d'huiles essentielles ou encore obtenues par hémi-synthèse et dans tout les cas, identifiées par RMN.

Chaque proposition du logiciel de comparaison des spectres de masse est assortie d'une note de concordance qui reflète la validité de la structure proposée. Si la note de concordance est correcte, on compare les indices de rétention du constituant proposé à ceux présents dans la bibliothèque élaborée au laboratoire, ou dans les bibliothèques commerciales [Jennings (112), Joulain (113, 114), Adams (117)], ou encore répertoriés dans la littérature. Toutefois, on ne se limite pas simplement à la note de concordance ; on procède systématiquement à l'examen du spectre de masse du composé recherché afin d'en tirer les principales informations : masse de l'ion moléculaire, fragmentations caractéristiques ou encore mise en évidence de co-élutions. A ce stade, trois approches différentes (**a**, **b**, et **c**) sont envisagées (figures 1 et 2) :

• (**a**), le spectre de masse du constituant et ses indices de rétention correspondent à ceux d'un composé présent dans la bibliothèque élaborée au laboratoire. L'identification du constituant est réalisée sans ambiguïté. Cette démarche est systématiquement mise en œuvre quelque soit la nature du mélange complexe (huile essentielle, extrait au solvant ou fraction volatile extraite par MEPS).

• (**b**), les données spectrales et les indices de rétention du constituant ne correspondent à ceux d'aucun composé de la bibliothèque du laboratoire mais correspondent à ceux d'un composé présent dans les bibliothèques commerciales (ou dans la littérature). Dans ce cas nous vérifions, par l'étude des fragmentations principales, si le spectre de masse du produit proposé est bien en accord avec la structure de ce dernier. Cette approche mécanistique peut être complétée, lorsque cela s'avère possible, soit par une étape d'hémisynthèse suivie de l'exploitation de l'analyse du composé synthétisé, soit par le recours à la RMN du carbone 13 dans le cas de l'analyse d'une huile essentielle.

• (**c**), les données spectrales et les indices de rétention du constituant ne correspondent à ceux d'aucun composé d'aucune bibliothèque. Dans ce cas deux stratégies, uniquement envisageables pour l'analyse des constituants d'une huile essentielle, sont imaginables :

o soit le composé est présent dans les bibliothèques RMN du carbone-13 (auquel cas il est identifié sans ambiguïté),

o soit le composé est absent des bibliothèques RMN du carbone-13, auquel cas nous n'avons d'autre ressource que le schéma classique de purification du constituant dans l'optique d'une étude structurale.

Afin de palier les limites analytiques du couplage CPG/SM-IE, l'ionisation chimique a été utilisée pour l'identification des constituants des huiles essentielles (121-135). Cette technique a été introduite par Munson et al. en 1960 et a vu sa première application à la CPG/SM en 1970 (136). Il s'agit d'un mode d'ionisation plus doux que l'impact électronique dans lequel il est recherché des réactions ions-molécules entre les molécules de l'échantillon en phase gazeuse et les ions d'un plasma obtenus à partir d'un gaz réactant. La réaction plasma/molécule produit des ions positifs ou négatifs qui sont repérés sur des spectres de masse plus simples et surtout plus informatifs que ceux obtenus en IE (136-139). Deux modes d'ionisation, positif (ICP) et négatif (ICN) existent en ionisation chimique. L'ionisation peut se faire par transfert de proton, réactions d'association ou formation d'adduits, perte ou abstraction d'un hydrure ou échange de charge (136-141). La contribution à chacune de ces réactions d'ionisation dépend de la nature de la substance à analyser et du gaz réactant.

Le grand avantage de cette technique est sa flexibilité. En effet, en faisant varier les conditions expérimentales, à savoir la nature du gaz réactant, la pression et la température de la source, il est possible d'observer l'ion quasi-moléculaire des molécules (136). La faible quantité d'énergie transférée lors de l'ionisation limite les fragmentations et permet ainsi une meilleure différenciation des isomères (127, 138). De plus, la sensibilité de l'IC peut être particulièrement affectée par le choix du gaz réactant, phénomène qui peut permettre de résoudre des problèmes de co-élutions observés en CPG/SM-IE lors d'analyse de mélanges complexes (126). On voit tout le parti qui peut être tiré de la comparaison des spectres pris avec divers gaz ionisants, telle une détection sélective.

Ma contribution à l'optimisation de la méthodologie d'analyse utilisée au laboratoire a consisté en une participation active à l'adjonction de l'ionisation chimique comme technique complémentaire pour l'identification des constituants d'une huile essentielle (Figure 2). L'optimisation de la méthode ne consiste pas à construire une bibliothèque de spectres IC comme ont pu le faire Vernin et coll. (124). En effet, de nombreuses études ont mis en évidence l'influence des paramètres expérimentaux, notamment la température et la pression dans la source d'ionisation, sur les résultats d'une analyse en IC (126-131). Il convient, donc, d'être prudent, en particulier dans la comparaison de spectres enregistrés dans des conditions expérimentales différentes. Ainsi, au laboratoire, nous avons utilisé l'IC comme méthode d'élucidation structurale complémentaire à l'IE dans le cas où les limites de notre méthode d'analyse décrite plus haut étaient atteintes (142-143). Cette complémentarité peut être mise à profit pour obtenir une information plus fiable sur plusieurs points :

- la détermination de la masse moléculaire à partir de l'observation des ions quasi-moléculaires et adduits,

- l'identification des groupes fonctionnels, présents dans la molécule, basée sur les fragmentations caractéristiques des différentes familles de composés,

- la stéréochimie des composés à partir des intensités relatives de certains pics caractéristiques,

- la limitation des cas co-élution observées sur les colonnes de chromatographie en phase gazeuse.

Figure 1 : Identification des constituants de mélanges complexes de volatils par combinaison des techniques de CPG et de CPG/SM

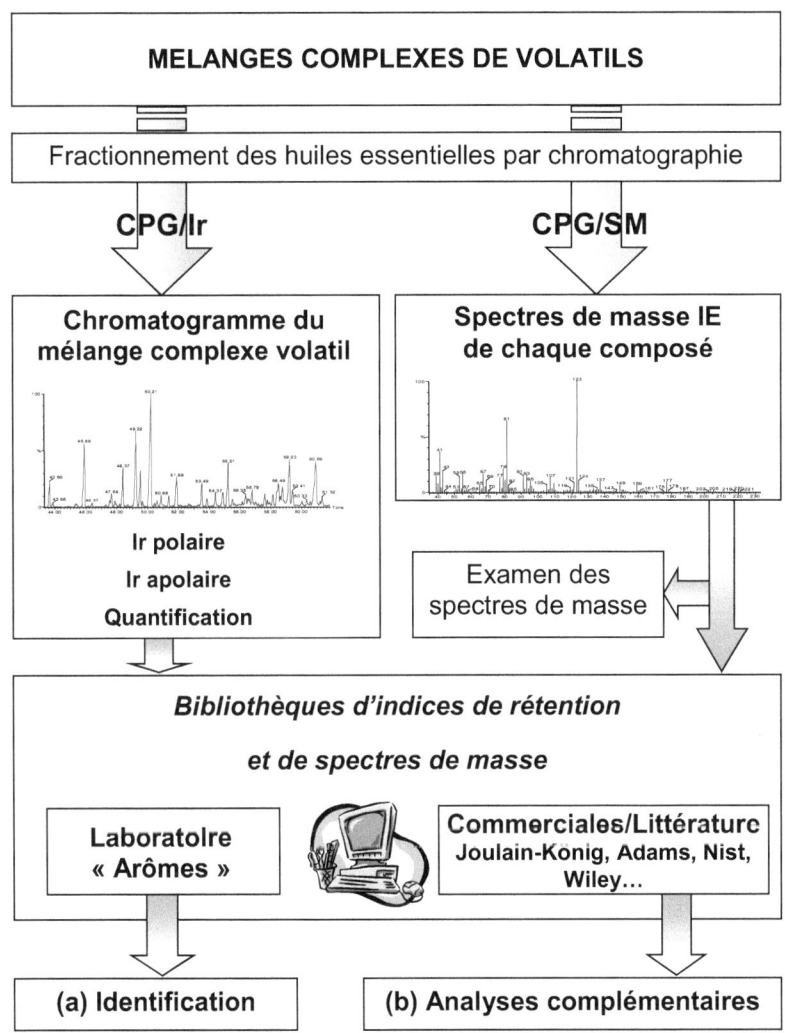

Figure 2 : Analyses complémentaires mises en œuvre pour l'identification des constituants d'une huile essentielle.

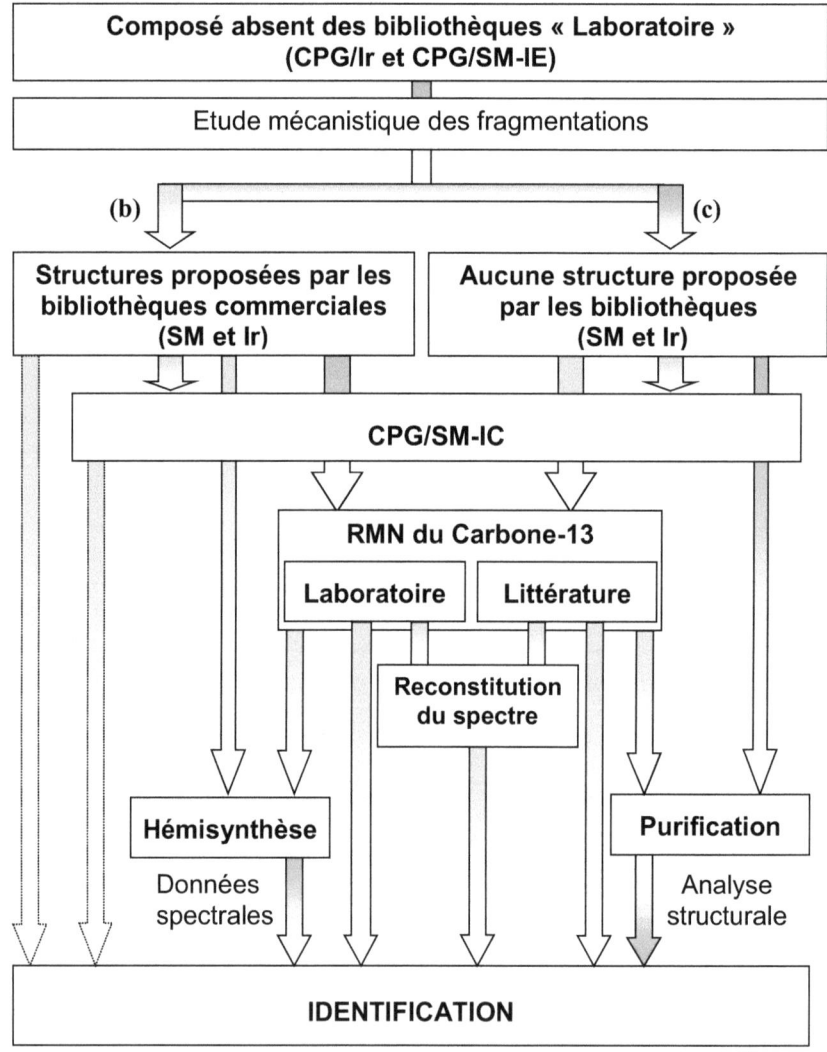

PARTIE III : APPLICATION DE LA METHODOLOGIE D'ANALYSE

III.1. L'analyse « de routine », simple et rapide.

L'analyse « de routine » est réalisée pour l'étude des mélanges de volatils dont l'identification des constituants ne présente pas de difficultés majeures. Elle est réalisée conjointement par CPG et CPG/SM avec ou sans fractionnement sur colonne pour les huiles essentielles. L'identification des constituants du mélange est réalisée pour la plupart d'entre eux à partir des données spectrales présentes dans la bibliothèque d'indices de rétention et de spectres de masses « Arômes » construite au laboratoire. Cette procédure d'identification de mise en œuvre aisée et rapide a été utilisée au laboratoire :

- pour le contrôle de la qualité des produits de l'industrie alimentaire (jus de fruits et huile d'olives),
- dans le but de fournir aux producteurs et industriels de la filière PPAM, des informations scientifiques facilement valorisables sur la qualité des huiles essentielles commercialisées ou susceptibles de l'être en effectuant le suivi des modes de mise en culture des végétaux et des procédés d'obtention, l'étude de la composition chimique au cours du cycle végétatif de la plante et l'étude de la variabilité chimique des huiles essentielles.

III.1.1. Contrôle de la qualité des produits de l'industrie alimentaire.

Nous avons procédé à l'analyse des constituants des composés volatils contenus dans la pâte d'olives et des jus d'agrumes, après avoir optimisé les paramètres d'extraction par MEPS et validé la répétabilité de la méthode (cf. § I.2).

Les analyses CPG/Ir et CPG/SM des fractions volatiles de pâtes d'olives extraites par MEPS ont permis de suivre l'évolution quantitative de l'hexanal, du (E)-hex-2-ènal, du (Z)-hex-3-ènol, du (E)-hex-2-ènol et de l'hexanol, impliqués dans l'arôme de l'huile d'olives, en fonction du stade de maturation des fruits. Dans les 6 échantillons analysés, le composé majoritaire est le (E)-hex-2-ènal suivi de l'hexanal, tous deux produits par action enzymatique. La quantité de composés volatils et particulièrement celle des aldéhydes, augmente avec la maturité des olives jusqu'à la fin du stade tournant pour les olives *Germaine* et jusqu'au stade noir pour la variété *Leccino*. Les abondances des alcools évoluent de façons nettement différentes en fonction de la variété des olives. Les différences d'évolution des composés volatils des espèces *Leccino* et *Germaine* montrent que l'activité enzymatique varie en fonction de la variété des olives. Ces résultats sont en accord avec ceux reportés dans la littérature sur l'huile d'olives (17, 20, 111, 112-113). La MEPS associée à la

CPG et à la CPG/SM a donc permis de démontrer et d'évaluer l'influence de la maturité de deux variétés d'olives sur la production de composés volatils. Ces constituants ayant un rôle majeur dans la flaveur de l'huile d'olives vierge, cette étude peut permettre aux industriels de déterminer, pour chacune des variétés, la date de récolte permettant d'obtenir la qualité sensorielle recherchée. Cette étude a fait l'objet d'une partie du travail de fin d'études de Elodie Nasica et d'une publication en cours de finalisation.

De même, nous avons réalisé l'étude qualitative et semi-quantitative de la composition chimique de la fraction volatile émise par 65 jus de fruits frais obtenus à partir d'hybrides de clémentines et de mandarines et de leurs parents. L'analyse par CPG/Ir et CPG/SM de la fraction volatile des différents jus de fruits a permis l'identification de 44 composés dont 25 monoterpènes (94-98%), 9 sesquiterpènes (tr-6%) et 10 molécules non terpéniques (0,1-3%). Le jus de clémentine est dominé par la présence du limonène ultra majoritaire (90 %) associé au γ-terpinène qui n'excède pas 1% alors que dans le jus de mandarine, ces composés représentent respectivement 66 % et 21%. Une analyse statistique a montré une distribution symétrique des hybrides autour de leurs parents, basée sur le rapport des proportions de limonène et de γ-terpinène : 50% des hybrides présentent le profil aromatique des jus de clémentine et 50% présentent celui des jus de mandarine. Dans le but de commercialiser les jus obtenus à partir d'hybrides clémentine-mandarine, une analyse organoleptique doit être menée afin d'identifier le type jus le plus en accord avec le goût des consommateurs. Cette étude, qui démontre le potentiel de la MEPS pour le contrôle de la qualité des jus de fruits, a fait l'objet d'une partie du travail de doctorat de Toussaint Barboni, de deux communications [C5, C22] et d'une publication en cours de finalisation.

III.1.2. Action auprès des producteurs et industriels de la filière PPAM.

L'objectif de ces travaux est également d'aider à la structuration et au développement des filières en cohérence avec la politique des autorités locales et en concertation avec les professionnels. Ces recherches ont donc, l'ambition d'apporter des outils d'aide à la décision pour les professionnels mais aussi pour les décideurs économiques et politiques. Notre implication au sein de la filière des PPAM en Corse se concrétise par des protocoles d'études et de recherche notamment avec les sociétés « Essences Naturelles Corse » et « U mandriolu ». Ce partenariat nous a permis d'être en contact direct avec les acteurs de la filière, de connaître leurs attentes et de répondre à leurs demandes en fournissant des données techniques. Dans le cadre de ces conventions, ce sont plus d'une centaine d'analyses par an, destinées pour la plupart à contrôler la qualité d'huiles essentielles, qui sont réalisées sur des plantes faisant déjà l'objet d'une exploitation ou non encore exploitées, telles *Helichrysum italicum* subsp *italicum*, *Rosmarinus officinalis*, *Juniperus communis* ssp *alpina, Myrtus communis, Eucalyptus globulus, Thymus herba-barona, Citrus reticulata, Citrus aurantifolia, Citrus sinensis, Cistus ladaniferus, Crithmum maritimum, Daucus carota*, ou encore *Alnus glutinosa, Urtica dioica* et *Urtica atrovirens...*[C23].

Un exemple d'élargissement de la gamme de produits commercialisés : l'huile essentielle d'Achillea ageratum.

Les parties aériennes de la plante récoltées en Corse, hydrodistillées dans un extracteur de type Clevenger ont fourni une huile essentielle de couleur jaune pâle (rendement 0,8 %) [P9]. L'analyse (CPG/Ir et CPG/SM) a permis l'identification de 68 composés qui représentent plus de 96% de la composition globale du mélange. Plus de 80 % de la composition chimique, est représentée par des composés oxygénés (oxydes, alcools et acétates) qui apportent à l'huile essentielle des qualités olfactives intéressantes pour sa valorisation en parfumerie. Les constituants majoritaires sont le cinéole-1,8 (41%), le yomogi alcool (22%), le santolina alcool (10%) et l'acétate d'artémisyle (7%). De plus, nous avons montré que l'huile essentielle de Corse présente une composition chimique originale par rapport à celles obtenues à partir de *A. ageratum* d'autres pays du bassin méditerranéen. Nous avons ainsi apporté des premières informations techniques valorisables par les producteurs et mis en évidence une spécificité de l'huile essentielle de *A. ageratum* de Corse qui peut être un atout majeur en vue de sa commercialisation.

L'étude de la variabilité chimique intra spécifique : l'une des finalités de nos travaux.

Comme le montre l'exemple précédent, il est indispensable de mettre en évidence l'éventuelle spécificité d'une huile essentielle en fonction de l'organe de la plante étudiée, de la période et/ou du lieu de récolte avant sa commercialisation. Les 3 exemples suivants mettent en évidence les spécificités d'huiles essentielles originaires du Viêt-Nam, de Corse et de Sardaigne.

Parallèlement aux études réalisés pour compléter mes travaux de thèse sur la variabilité chimique des huiles essentielles *d'Illicium griffithii* [P10] et *Litsea cubeba* [P11], nous avons été amenés à analyser les compositions chimiques des huiles essentielles *d'Artemisia vulgaris* L. [P12]. L'analyse réalisée en collaboration avec l'Institut d'Ecologie et des Ressources Biologiques (IERB) de Hanoi (Viêt-Nam), de 4 échantillons d'huiles essentielles obtenues à partir des parties aériennes *d'A. vulgaris* a mis en évidence une différence de composition chimique en fonction du lieu de récolte. Bien que la composition chimique des huiles essentielles de feuilles et de fleurs sont dominées par les mêmes composés majoritaires, à savoir le cinéole-1,8 (20,3% et 21,7%, respectivement), le camphre (14,7 et 10,9%, respectivement) et l'α-terpinéol (9,8% et 4,8%, respectivement), il apparaît que les échantillons que nous avons analysés diffèrent totalement de l'échantillon originaire du Viêt-Nam décrit par Dung et al. (144), dans lequel le β-caryophyllène (24%), le β-cubébène (12%) et le β-élemène (6%) sont reportés comme composés majoritaires. Par contre, les échantillons analysés présentent des similitudes avec les huiles essentielles de *A. vulgaris* de France (145) et d'Italie (146) riches en monoterpènes oxygénés. Parallèlement, à cette étude nous avons suivi l'évolution de la qualité de l'huile essentielle produite au cours du cycle végétatif de la plante. Il apparaît une stabilité qualitative et quantitative de la composition chimique au cours de la floraison alors qu'avant floraison les proportions en monoterpènes décroissent au contraire de celles des sesquiterpènes.

De même, l'analyse de 15 échantillons *d'Otanthus maritimus* (L.) Hoffmans & Links [P13] a montré une certaine homogénéité dans la composition chimique des huiles essentielles obtenues séparement à partir des parties aériennes et des racines de la plante récoltée dans différentes localités de Corse. Le yomogi alcool (24,4-34,7 %), le camphre (7,0-20,4 %), l'artémisia alcool (11,5-19,2 %) et l'acétate d'artémisyle (4,9-12,6 %), ont été identifiés en tant que composés majoritaires. Les deux types d'huiles essentielles diffèrent sensiblement par la proportion des composés sesquiterpéniques qui représentent 2,3-4,6% dans les huiles essentielles des parties aériennes et 9,8-21% dans les racines. Toutefois, dans un souci de préservation de l'espèce végétale, il apparaît souhaitable de ne récolter que les parties aériennes de la plante dans le cadre d'une éventuelle commercialisation de l'huile essentielle. De plus, il est à signaler que l'huile essentielle de Corse diffère notablement de celle originaire de Grèce (147) dans laquelle l'acétate de cis-chrysanthényle (30,4 %), le cinéole-1,8 (19,1 %), le camphre (12,9 %), l'artémisia alcool (12,6 %) et l'acétate d'artémisyle (10,5 %) sont les composés majoritaires.

Enfin, l'étude que nous avons menée en collaboration avec le Département de Biologie expérimentale de l'Université de Cagliari dans le cadre du PIC INTERREG IIIA, sur *Teucrium chamaedrys* L. [P14] a montré des différences quantitatives des compositions chimiques des huiles essentielles obtenues à partir des plantes des deux îles. L'analyse des 2 échantillons a conduit à l'identification du β-caryophyllène (29,0 % et 27,4 %, respectivement), du germacrène D (19,4 % et 13,5 %, respectivement), suivis de l'α-humulène (6,8 %) et du δ-cadinène (5,4 %) dans l'échantillon de Corse et de l'oxyde de caryophyllène (12,3 %) et de l'α-humulène (6,5 %) dans l'échantillon de Sardaigne. Le δ-cadinène et l'oxyde de caryophyllène représentent respectivement 1,7 % et 3,2 % dans les huiles essentielles de Sardaigne et de Corse. La différence quantitative observée sur les composés majoritaires des 2 échantillons étudiés se retrouvent également au niveau des compositions chimiques des huiles essentielles de différentes origines (148-151) confirmant ainsi une variabilité quantitative. Qualitativement, les deux huiles essentielles présentent de grandes similitudes avec celles décrites dans la littérature. Cependant parmi les 87 composés identifiés, 47 composés minoritaires (< à 0,6%) n'avaient, à notre connaissance, jamais été signalés dans les huiles essentielles de *T. chamaedrys*.

III.2. L'analyse par combinaison des techniques, une complémentarité efficace.

L'analyse par combinaison des techniques associe le pouvoir de séparation des techniques chromatographiques (CLC, CPG) à la puissance d'identification des techniques spectroscopiques (SM et RMN) dans le but d'optimiser la performance de notre méthodologie d'analyse. Cette combinaison est généralement mise en œuvre pour l'analyse d'huiles essentielles dont l'identification des constituants est difficile, notamment lorsque les limites d'identification de la bibliothèque laboratoire sont atteintes. Au travers de plusieurs exemples, nous illustrerons les démarches analytiques complémentaires mises en œuvre afin de palier les limites de notre technique d'analyse de « routine ». Enfin, nous montrerons l'apport de la SM en mode ionisation chimique et sa complémentarité avec la SM-IE et la RMN.

III.2.1. La chromatographie liquide sur colonne (CLC), dimension analytique supplémentaire.

Le fractionnement par CLC des huiles essentielles est une opération réalisée de manière fréquente au laboratoire. Cette séparation est mise en œuvre en fonction de la quantité d'huile essentielle dont on dispose et surtout en fonction de la complexité du mélange. Dans tous les cas, le fractionnement permet d'améliorer le rendement quantitatif mais surtout qualitatif de l'identification comme en témoigne le tableau 3, dans lequel ont été regroupés le nombre de composés identifiés et le pourcentage d'identification en fonction du degré de séparation de 8 huiles essentielles.

	Fractions obtenues par CLC	Nombre de composés identifiés et taux d'identification		
		avant CLC	après CLC	%
Saccocalyx satureioides	2	41	62	98,5
Teucrium chamaedrys	2	38	84	92,7
Achillea ageratum	6	36	68	96,3
Otanthus maritimus	10	41	63	90.3
Doronicum corsicum	28	26	129	80,4
Inula graveolens	32	42	86	94,0

Adenostyles briquetii	30	17	141	92,8
Teucrium polium ssp. *capitatum*	56	29	86	92,7

Tableau 3 : Apport de la CLC à l'identification des constituants d'huiles essentielles.

Il est donc opportun de séparer les grandes familles de composés (analyse des huiles essentielles de *Saccocalyx satureioides, Teucrium chamaedrys* et *Achillea ageratum*) ou de manière plus fine de concentrer un composé dans une fraction (analyse des huiles essentielles de *Otanthus maritimus, Doronicum corsicum, Inula graveolens, Adenostyles briquetii* et *Teucrium polium* ssp. *capitatum*). La chromatographie sur colonne permet de simplifier le mélange complexe initial en concentrant les composés minoritaires dans les fractions. Ainsi, après une simple partition des composés hydrocarbonés et oxygénés de l'huile essentielle *d'Inula graveolens* (L.) Desf. de Corse [P15], l'analyse par CPG/Ir et CPG/SM de la fraction apolaire a permis l'identification de 13 alcanes acycliques possédant de 13 à 26 atomes de carbone (à l'exception du pentadécane) présents à l'état de trace dans le mélange complexe.

La CLC permet également de s'affranchir de certains cas de co-élution. En effet, la partition sur colonne à l'aide d'un solvant de polarité croissante de l'huile essentielle de *Cymbopogon giganteus* Chiov. de Côte-d'Ivoire [P16], a permis de séparer dans deux fractions oxygénées obtenues respectivement avec des gradients de solvant C_5H_{12}/Et_2O (95/5) et (90/10), un oxyde, le 3,9-époxy-mentha-1,8(10)-diène (57,7%) et un alcool, le trans-p-mentha-1(7),8-dièn-2-ol (56,8%), deux composés qui co-éluent sur la colonne apolaire que nous avons utilisée (Figure 3).

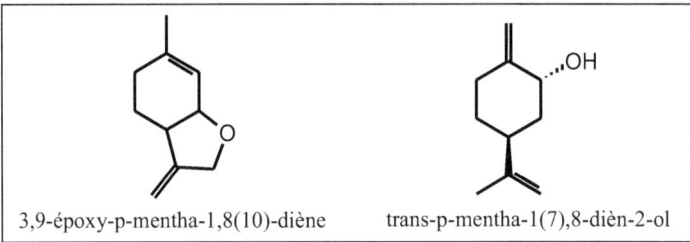

3,9-époxy-p-mentha-1,8(10)-diène	trans-p-mentha-1(7),8-dièn-2-ol

Figure 3 : Composés co-élués identifiés dans l'huile essentielle de *Cymbopogon giganteus*.

De la même manière, la CLC a rendu possible l'identification et la quantification du santolina alcool, un des composés majoritaire de l'huile essentielle *d'Achillea ageratum* L. de Corse [P12]. Cet alcool monoterpénique irrégulier était co-élué avec le cinéole-1,8 sur colonne apolaire et avec le yomogi alcool sur colonne polaire (Figure 4). La concentration du cinéole-1,8 dans une fraction obtenue en CLC avec un gradient de solvant C_5H_{12}/Et_2O (98/2) a permis l'identification du santolina alcool présent à 36% dans une fraction riche en alcool obtenue avec un gradient d'éluant C_5H_{12}/Et_2O (90/10).

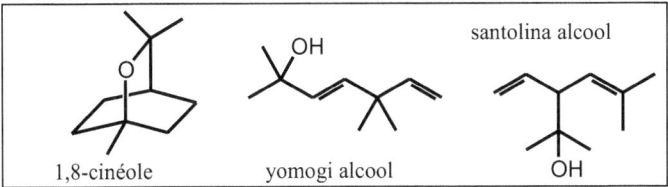

Figure 4 : Composés co-élués identifiés dans l'huile essentielle *d'Achillea ageratum*.

Par ailleurs, l'emploi d'un programme de température optimal en CPG a permis une meilleure résolution des différents signaux superposés et ainsi l'individualisation et la quantification (10%) du santolina alcool sur les deux colonnes de CPG. Il est probable que l'emploi courant d'une seule colonne de chromatographie pour réaliser les analyses par CPG/SM, explique que le santolina alcool n'avait jamais été reporté dans les huiles essentielles d'*Achillea ageratum* décrites dans la littérature.

III.2.2. Utilisation des bibliothèques de données commerciales, un savoir faire à acquérir.

Au cours de mon doctorat, nous avons montré qu'il était possible d'identifier un constituant d'une huile essentielle en utilisant les données spectrales de RMN du carbone-13 décrites dans littérature dans la mesure ou celles-ci avaient été enregistrées dans des conditions expérimentales voisines de celles utilisées au laboratoire. Il en est de même pour l'analyse par CPG/SM. En effet, si l'identification d'un constituant d'un mélange complexe volatil est réalisée de manière non ambiguë par comparaison de ses indices de rétention et de ses spectres de masse avec ceux de molécules de référence contenues dans la bibliothèque « Arômes », l'identification à partir des bibliothèques commerciales nécessite une attention particulière. Les bibliothèques commerciales que nous possédons présentent un niveau de performance inégal car elles sont construites dans des conditions expérimentales non standardisées (nature du quadripôle, conditions d'ionisation, balayage de masses variables...) et différentes de celles utilisées au laboratoire. Les bibliothèques commerciales informatisées NIST (120) et Wiley (117, 118) sont construites par compilation de différentes collections de données d'origines variées, qui renferment les spectres de masse de plusieurs milliers de molécules organiques dont le taux de réplicas relativement important limite inévitablement la pertinence de l'identification (152-153). Par contre, les bibliothèques commerciales informatisées Joulain (115, 116) et Adams (119) sont plus performantes et peuvent être directement utilisables.

Elles contiennent certes un nombre moindre de spectres de masse (respectivement plus de 1200 et plus de 1600) mais qui correspondent tous à des molécules volatiles identifiées dans des huiles essentielles. De plus, les spectres de masse répertoriés ont tous été enregistrés dans des conditions expérimentales voisines de celles utilisées au laboratoire. Enfin, ces deux bibliothèques présentent l'énorme avantage de lister les indices de rétention des composés mesurés, en programmation de température, sur des colonnes apolaire respectivement de type DB-5 et CpSil 5 : conditions chromatographiques voisines de celles utilisées au laboratoire. Toutefois, c'est l'analyste qui, en dernier ressort, valide la proposition à partir de la note de concordance fournie par le logiciel de comparaison, de la prise en compte des indices de rétention littérature et de l'examen du spectre de masse. Au travers de quelques exemples, nous décrirons dans quelles mesures nous avons validé les structures des molécules proposées par les bibliothèques littérature.

L'identification à partir des données de la littérature est envisageable sous certaines conditions.

Sur les 87 constituants de l'huile essentielle de *T. chamaedrys* (cf. §III.1.2) [P14], 20 composés ont été identifiés à partir des données de la littérature : neuf composés non terpéniques cycliques et acycliques, cinq sesquiterpènes hydrocarbonés, un dérivé soufré (le mint sulfide) et cinq C_{13}-norisoterpènes peu communs dans les huiles essentielles : une cétone α-,β-insaturée, la (E)-β-damascenone, et trois époxydes, le vitispirane et les dihydroédulanes I et II. L'identification de ces constituants a été validée par l'examen de leurs spectres de masse (contrôle du pic moléculaire, pertes les plus favorables), par la parfaite concordance de leur spectre de masse avec ceux des bibliothèques Joulain (115, 116), Adams (119) et Mc Lafferty (117, 118) et par la bonne adéquation entre leurs indices de rétention (apolaire et polaire) mesurés dans l'huile essentielle et dans les fractions obtenues par CLC et ceux décrits dans la littérature dans des conditions proches de celles du laboratoire.

L'identification directe à partir des données de la littérature peut être confortée par la mise en œuvre de la RMN par comparaison des valeurs de déplacements chimiques des constituants avec ceux de molécules de référence contenues dans la bibliothèque laboratoire « Terpènes ». Parmi les 33 sesquiterpènes hydrocarbonés identifiés par CPG/Ir et CPG/SM dans la fraction apolaire de l'huile essentielle de *Fokienia hodginsii* du Viêt-Nam [P17], 24 ont été identifiés à partir de la bibliothèque « Arômes » et 9 l'ont été de manière non ambiguë à partir de la bonne adéquation entre les indices apolaires et les spectres de masse reportés dans la bibliothèque Joulain-König (115) et ceux obtenus dans les conditions expérimentales du laboratoire. L'identification de ces composés a été assurée par l'analyse par RMN du carbone-13 de la fraction apolaire qui a permis l'identification conjointe de 5 sesquiterpènes sur les 9 ; les abondances des 4 autres étant trop faibles pour permettre une identification par RMN des mélanges. Par ailleurs, au cours de mon doctorat, nous avions mis en évidence les potentialités de la RMN du carbone-13 pour l'identification de stéréoisomères et notamment des sesquiterpènes oxygénés possédant un squelette bicyclo[4.4.0]décanique telles que le τ-muurolol et l'α-cadinol. En ce qui concerne les composés hydrocarbonés, des fragmentations caractéristiques permettent de différencier plus facilement les spectres de masse des cadinènes et des muurolènes que ceux de leurs homologues alcools (154). Ainsi, l'analyse par CPG/SM a conduit à l'identification de 17 stéréoisomères : α- et β-cédrène, α- et β-copaène, α- et γ-muurolène, α- et β-calacorène, α-, -γ et δ-cadinène, α- et β-ylangène, cis- et trans-calaménène et (Z) et (E)-α-bisabolène. Seuls les couples α-, β-cédrène et α-, β-calacorène et le β-ylangène n'ont pu être confirmés par RMN car leur abondance dans les fractions n'était pas suffisante. Au total, l'étude combinée par CPG/Ir, CPG/SM et RMN du carbone-13 a permis l'identification de 59 constituants dont 21 sesquiterpènes hydrocarbonés et 6 sesquiterpènes oxygénés identifiés pour la première fois dans l'huile essentielle de *Fokienia hodginsii* du Viêt-Nam.

Certes, les bibliothèques Joulain (115, 116) et Adams (119) apparaissent comme les plus pertinentes en terme d'identification. Cependant, les autres bibliothèques commerciales peuvent apporter des informations essentielles à l'identification d'un constituant d'une huile essentielle. Ainsi, l'identification du constituant majoritaire (24,7%) de l'huile essentielle de racines d'*Isolona cooperi* [P18] de Côte-d'Ivoire a été réalisée à partir d'une proposition de la bibliothèque commerciale informatisée de spectres de masse Wiley (118) et des données spectrales de RMN contenues dans littérature. La bibliothèque commerciale Wiley nous suggère le 3-isopenténylindole avec une note de concordance relativement faible. L'absence de ce composé dans les bibliothèques de spectres de RMN, nous a conduit à examiner ses spectres de masse et de RMN du carbone-13. Le spectre de masse montre un pic moléculaire de forte intensité apparaissant à m/z 185 et un pic de base à m/z 170 [M-15]$^+$. Ces observations nous orientent vers une molécule présentant :

- un système conjugué stabilisant l'ion moléculaire,
- un nombre impair d'atomes d'azote justifiant la masse impaire de l'ion moléculaire,
- un groupement méthyle qui est très favorablement éliminé par fragmentation.

A côté de ces deux signaux, on distingue des signaux à m/z 155 [M-2CH$_3$]$^+$, à m/z 130 [M-C$_9$H$_8$N]$^+$ et m/z 117 [M-C$_5$H$_8$]$^+$ laissant supposer la présence effective d'un noyau indole monosubstitué par un groupement isopentényle (γ,γ diméthylallylique). Le spectre de RMN du carbone-13 et les séquences écho spin et DEPT réalisées sur l'échantillon confortent les propositions établies par l'examen du spectre de masse à savoir la présence d'une structure isopenténylindole. La recherche dans la littérature de données de RMN du carbone-13 de différentes isopenténylindoles, nous ont permis d'identifier la 5-isopenténylindole, molécule obtenue par synthèse (155) avant d'être isolée quelques années plus tard d'un extrait méthanolique des racines d'*Esenbeckia leiocarpa* (156). La même procédure à été mise en œuvre pour identifier le 7-isopenténylindole présent dans l'huile essentielle à 1,2% (Figure 5).

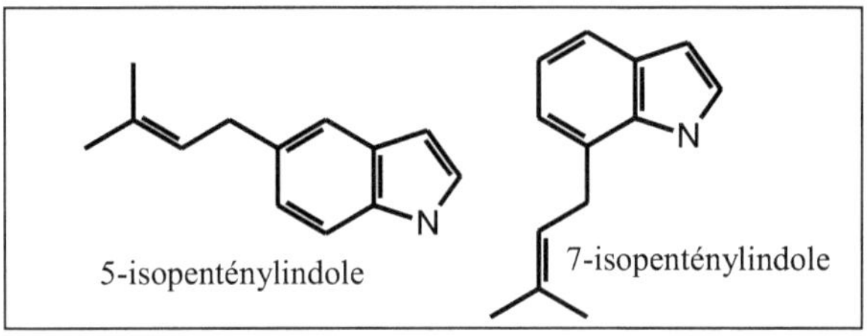

5-isopenténylindole   7-isopenténylindole

Figure 5 : Structures des deux isopenténylindoles identifiés dans l'huile essentielle de racines d'*Isolona cooperi*.

De même, il est intéressant de décrire, l'identification du cacalol, sesquiterpène possédant un squelette furanoérémophilane identifié dans l'huile essentielle *d'Adenostyles briquetti* Gamisans [P8]. Dans une sous-fraction oxygénée obtenue par CLC à partir de la fraction oxygénée de l'huile essentielle, restait non identifié un composé représentant près de 70% après analyse en CPG/Ir et CPG/SM. Le spectre de masse de ce composé laissait apparaître deux signaux remarquables : un pic moléculaire à m/z 230 relativement important et un pic de base à m/z 215 correspondant à la perte d'un méthyle. Les autres ions présentaient tous une intensité inférieure à 15 %. Ces informations nous ont orienté vers une molécule relativement stable possédant une structure polycyclique et des insaturations. L'examen du spectre de RMN du carbone-13 et la réalisation d'une séquence DEPT, confirmait cette hypothèse par l'observation de 15 raies de résonnance dont 8 correspondant à des carbones éthyléniques substitués pour certains, nous orientant vers un squelette furanoérémophilane de structure $C_{15}H_{18}O_2$. Cette proposition a été confortée par la recherche dans l'abondante littérature relative aux molécules isolées et identifiées dans les extraits aux solvants des plantes de la famille des *Asteraceae* (157). Elle a permis de retrouver les valeurs de déplacements chimiques de RMN du carbone-13 du cacalol (Figure 6), précédemment décrites dans *Cacalia decomposita* (158). A notre connaissance, les indices de rétention et le spectre de masse de ce composé n'ont jamais été reportés dans la littérature.

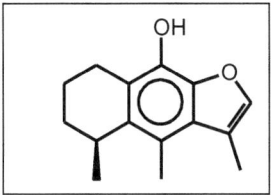

Figure 6 : Structure du cacalol identifié dans l'huile essentielle de *A. briquetii*.

L'hémisynthèse, un moyen direct d'accéder aux données spectrales.

Les informations fournies par les bibliothèques commerciales peuvent contribuer à la décision d'hémisynthèses afin d'accéder aux données spectrales de composés absents des bibliothèques laboratoire et littérature de RMN ou de SM.

L'identification de la sabina cétone [5(-isopropyl)-bicyclo[3.1.0]hexan-2-one] dans une sous-fraction oxygénée obtenue par CLC de l'huile essentielle de *T. polium* ssp. *capitatum* [P19] a été proposée par la bibliothèque Nist (120) avec une note de concordance moyenne. L'obtention de ses données spectrales par oxydation forte du sabinène, composé représentant environ 60% de l'huile essentielle de feuilles de mandarine de *Citrus reticulata* blanco a permis de valider la proposition. L'étude par CPG/Ir et CPG/SM du mélange obtenu par oxydation a mis en évidence la présence d'un composé représentant 6% du mélange qui possède le même spectre de masse et les mêmes indices de rétention que la sabina cétone repérée dans la sous-fraction oxygénée. L'enregistrement d'un spectre de RMN proton et carbone a confirmé cette cétone nor-terpénique dont les données spectrales sont venues enrichir la bibliothèque du laboratoire.

De même, le butyrate et l'isobutyrate de thymyle dont la présence dans l'huile essentielle de *Doronicum corsicum* [P20] a été suggérée par la bibliothèque Joulain (116), ont été synthétisés à partir du thymol et de chlorures d'acide correspondants (Figure 7). Après analyse des produits synthétisés, le constituant de l'huile essentielle s'est avéré être l'isobutyrate de thymyle. Parallèlement, deux autres esters de thymyle, présents dans la même huile essentielle ont été identifiés alors que leurs données spectrales étaient absentes de nos bibliothèques. En effet, dans une sous-fraction oxygénée obtenue par CLC, deux composés qui co-éluaient sur colonne apolaire, présentaient des spectres de masse IE avec deux ions caractéristiques du squelette thymylique à m/z 135 et m/z 150. Les spectres de masse de ces deux composés étaient similaires à celui de l'isobutyrate de thymyle précédemment synthétisé mais ils différaient par la présence d'un pic à m/z 57 caractéristique du groupement C_4H_9 en remplacement du signal à m/z 43. Nous avons synthétisé le valérate, l'isovalérate et le 2-méthylbutyrate de thymyle (Figure 7). Nous avons ainsi accédé aux indices de rétention sur les deux colonnes, aux spectres de masse et de RMN de ces isomères et identifiés sans ambiguïté le 2-méthylbutyrate et l'isovalérate de thymyle comme constituants de l'huile essentielle. A notre connaissance, les données de RMN du carbone-13 de ces trois esters du thymol n'avaient jamais été décrites dans la littérature.

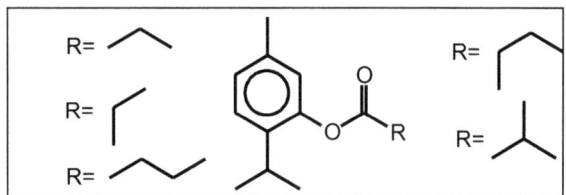

Figure 7 : Structures des dérivés thymyliques synthétisés.

Par ailleurs, dans le but de compléter notre bibliothèque de données, il nous a semblé intéressant d'obtenir les deux alcools asymétriques (14R)-β-oplopenol **1** et (14S)-β-oplopenol **2** par réduction avec AlLiH₄ de la β-oplopénone **3** présente dans l'huile essentielle *d'A. briquetii* [P8] (Figure 8). Après purification par chromatographie sur colonne, nous avons réalisé la caractérisation structurale des ces deux épimères à l'aide de la SM, de l'IR et de la RMN 1D et 2D. A notre connaissance, les données spectrales de ces deux composés n'ont jamais été décrites dans la littérature. Cette étude a fait l'objet d'une partie du travail de fin d'études d'Elodie Nasica. Il est à noter que ces deux alcools n'ont pas été repérés dans l'huile essentielle.

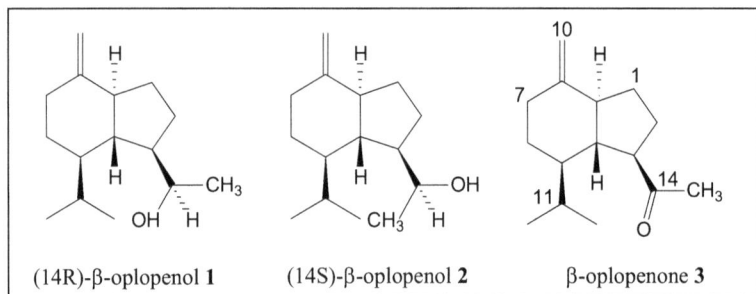

| (14R)-β-oplopenol **1** | (14S)-β-oplopenol **2** | β-oplopenone **3** |

Figure 8 : Structures des deux β-oplopénols et de la β-oplopénone

III.2.3 La séquence purification-analyse structurale, longue et délicate.

Dès lors que les recherches informatisées dans les bibliothèques de spectres de masse et de RMN ne fournissent aucune réponse satisfaisante, il est nécessaire de procéder à la purification du constituant inconnu pour l'élucidation de sa structure par les méthodes spectroscopiques. Cette séquence longue et délicate peut conduire à une déconvenue lorsqu'il s'avère que le composé ainsi isolé et caractérisé structuralement, est déjà connu et que ses données spectrales sont décrites dans la littérature. Par contre, dans le cas où le composé n'a jamais été isolé ou que ses données spectrales n'ont jamais été décrites, la procédure devient beaucoup plus attrayante.

Comme nous l'avons vu précédemment, les chromatographies successives réalisées sur l'huile essentielle de *Cymbopogon giganteus* Chiov., ont permis de concentrer le 3,9-époxy-mentha-1,8(10)-diène dans une fraction oxygénée [P16] (cf. § III.2.1). Ses données spectrales étaient absentes de nos bibliothèques de spectres de masse et de RMN du carbone-13 ; son identification à été réalisée par RMN mono et bidimensionnelle (^{1}H, ^{13}C, DEPT, ^{1}H-^{1}H-COSY, HSQC). Toutefois, en examinant la littérature sur les constituants déjà connus des huiles essentielles *C. giganteus,* il apparait que cet oxyde a déjà été reporté par Menut et coll. dans un échantillon du Burkina Faso (159).

De même, l'identification du composé majoritaire (24,3 et 22,9%) des deux huiles essentielles de *Baeckea frutescens* L. du Viêt-Nam [P21], absent des bibliothèques laboratoire et littérature de spectres de masse et de RMN, a été réalisé après purification et analyse structurale. Il présentait les données spectrales suivantes :

• sur le spectre de masse enregistré en impact électronique, on pouvait observer le pic moléculaire à m/z 252, le pic de base à m/z 237 [M-15]$^+$et des signaux d'intensité moyenne à m/z 209 [M-43]$^+$, m/z 177 [M-75]$^+$ et m/z 81 [M-171]$^+$. Le pic de base et les ions à m/z 209 et m/z 177 nous renseignent sur les pertes favorables respectives d'un radical méthyle, d'un radical isopropyle et de la perte consécutive des fragments CH_3, C_3H_7 et OH. Le calcul de la composition élémentaire des signaux constituants l'amas isotopique nous conduit à une formule brute $C_{14}H_{20}O_4$ et donc à 5 degrés d'insaturation.

• sur le spectre de RMN du carbone-13, deux séries de raies de résonance présentant de grande similitudes restaient non attribuées contenant notamment trois signaux fortement déblindés (185-211 ppm) appartenant probablement à des groupements carbonyles, nous laissant envisager la présence d'une tricétone.

L'observation d'un seul pic chromatographique, nous a orienté vers la présence de deux formes tautomères qui possèdent donc les mêmes temps de rétention et co-éluent en CPG. Par partition de l'huile essentielle et à partir des spectres de RMN du proton et du carbone-13 enregistrés en une et deux dimensions, nous avons purifié et identifié la tasmanone (Figure 9). Le spectre de masse de notre composé était en accord avec celui décrit dans la littérature (159) et les spectres de RMN du proton, du carbone-13 et les séquences bidimensionnelles (COSY, XHCORR et HMBC) ont confirmé la présence de deux formes tautomères, déjà décrites par Bick et Horn (161). De plus, une seconde tricétone a été identifiée dans l'huile essentielle par comparaison de son spectre de masse avec celui décrit dans la littérature, il s'agit de l'agglomérone identifiée dans *Eucalyptus agglomerata* (160) (Figure 9).

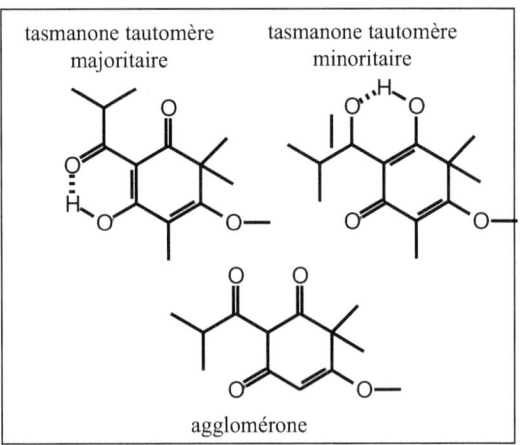

Figure 9 : Structures des tricétones identifiées dans l'huile essentielle de *Baeckea frutescens*.

III.2.4. Apport de l'ionisation chimique, optimisation de la méthode d'analyse du laboratoire.

Nous avons vu que les défaillances d'identification à partir des bibliothèques de spectres de masse peuvent être compensées par la mise en œuvre de la RMN des mélanges ou la RMN structurale, techniques qui s'avèrent totalement complémentaires. L'utilisation de la spectrométrie de masse en mode ionisation chimique apporte également des informations structurales complémentaires à celles des autres techniques. Nous décrirons à l'aide de quelques exemples comment l'utilisation de l'ionisation chimique permet d'optimiser la méthodologie développée au laboratoire.

L'identification de 28 esters non terpéniques acycliques présents dans l'huile essentielle *d'Adenostyles briquetti* Gamisans [P8] démontre la complémentarité de l'IC et de l'IE. Les fortes similitudes des spectres de masse IE de ces composés limitent la pertinence des propositions suggérées par les bibliothèques de données. De plus, la faible abondance des ces composés, leurs présences simultanées dans une même fraction et la similitude de leurs squelettes rend inopérant le recours à la RMN du carbone-13. L'examen des spectres de masse IE montre que dans la plupart des cas, les ions moléculaires de ces composés linéaires sont absents ou présents en faible proportion. L'examen des spectres de masse enregistrés en mode ICP-NH$_3$ conduit à l'observation de deux types d'ions :

- les ions adduits [M+NH$_4$]$^+$, presque toujours pics de base, obtenus par réaction d'association avec les ions réactants,
- les ions quasi-moléculaires [M+H]$^+$ issus de réaction de transfert de proton entre la molécule analysée et les ions réactants.

L'examen des spectres de masse enregistrés en ICN-NII$_3$, conduit également à la formation de deux types d'ions :

- les ions quasi-moléculaires [M-H]$^-$, presque systématiquement pics de base, obtenus par perte d'un hydrogène,
- les ions carboxylates [RCOO]$^-$ généralement abondants.

Ces résultats ont donc été utilisés pour la détermination de la masse moléculaire des différents composés, pour l'identification de la partie acide de chaque ester et pour la différenciation des composés qui possédaient des spectres de masse IE indifférenciés.

L'ionisation chimique peut permettre de corriger des défaillances des bibliothèques commerciales. En effet, l'analyse d'une sous-fraction riche en alcools obtenue par CLC, de l'huile essentielle de *T. polium* ssp. *capitatum* [P19], a permis d'atteindre les limites de l'utilisation de la bibliothèque commerciale NIST (120). Cette dernière nous proposait la structure de l'acétate de guayle, sesquiterpène oxygéné possédant un squelette bicyclo[5.3.0]décanique pour un composé représentant 8,9% de cette fraction. Le spectre de masse IE de ce composé laissait apparaître :

• un pic de rapport m/z le plus élevé [220] ne pouvant correspondre à l'ion moléculaire car la masse d'un acétate sesquiterpénique est de 262,

• un pic de base à m/z 43 caractéristique de la perte favorable d'un groupement acétyle caractéristique des acétates.

Dans le but de confirmer cette proposition nous avons synthétisé l'acétate de guayle par estérification du guaiol par le chlorure d'acétyle en présence de triéthylamine. L'analyse par CPG/SM-IE du mélange réactionnel a permis d'obtenir le spectre de masse de l'acétate de guayle (composé confirmé par RMN) et de constater qu'il différait totalement de celui enregistré pour le constituant de notre fraction. Par contre, ses similitudes avec celui du bulnésol, alcool sesquiterpénique de squelette bicyclo[5.3.0]décanique qui ne diffère du guaiol que par la position d'une double liaison, nous a orienté vers l'acétate de bulnésyle (Figure 10).

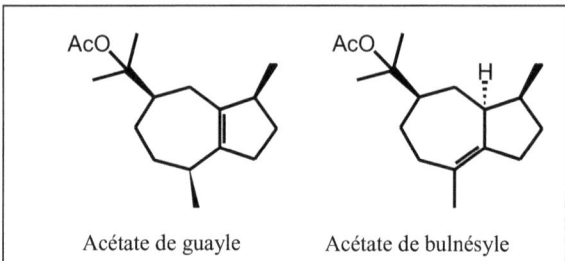

Acétate de guayle   Acétate de bulnésyle

Figure 10 : Structures des acétates de guayle et de bulnésyle.

L'enregistrement des spectres en ICP et ICN-NH₃ a permis d'obtenir des spectres de masse très simples sur lesquels se trouvaient respectivement :

• en ICN, un pic de base à m/z 263 correspondant à l'ion quasi-moléculaires [M-H]⁻, obtenu par perte d'un hydrogène,

• en ICP, un signal adduit obtenus par réaction d'association avec les ions réactants à m/z 282 [M+NH₄]⁺ accompagné du pic de base à m/z 205 [M+H-CH₃COOH]⁺ et d'un signal intense à m/z 222 [M+NH₄-CH₃COOH]⁺ résultant de l'élimination classique d'une molécule acide acétique à partir de l'adduit confirmant ainsi la présence d'un acétate.

Enfin, signalons que l'acétate de bulnésyle est connu pour donner par pyrolyse les isomères α- et β-bulnésène, toutefois, à notre connaissance ses données spectrales ne sont pas décrites dans la littérature.

L'exemple ci-dessus montre la nécessité de posséder des bibliothèques fiables, riches et adaptées au domaine d'investigation et démontre l'apport de l'IC à la différenciation de stéréoisomères. De même, l'analyse par CPG/Ir et CPG/SM-IE d'une sous-fraction oxygénée obtenue par CLC à partir de l'huile essentielle de *T. polium* ssp. *capitatum* a permis l'identification d'une cétone bicylique, la chrysanthénone (2,7%). Cette cétone se retrouve en compagnie d'un autre composé possédant un spectre de masse IE quasiment superposable, nous laissant soupçonner la présence d'un couple d'isomères. L'enregistrement des spectres de masse ICP-CH4 a permis la différenciation des deux molécules par la simple observation de leurs pics de base respectifs : m/z 109 pour la chrysanthènone et m/z 151 pour son isomère de position. La RMN des mélanges a confirmé la présence de la chrysanthénone et de l'isochrysanthénone (Figure 11), dont les valeurs des déplacements chimiques diffèrent de plus de 10 ppm pour certains carbones.

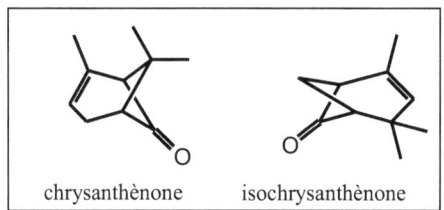

chrysanthènone   isochrysanthènone

Figure 11 : Structures des isomères de la chrysanthénone.

Nous nous proposons de décrire comment l'ionisation apporte les informations structurales permettant l'identification d'un constituant quand les bibliothèques de spectres de masse et de RMN sont inefficaces.

Le premier exemple de cette série décrit comment la procédure de « reconstitution du spectre » de RMN du carbone-13 à partir de molécules modèles a permis l'identification de l'isobutyrate de 3-méthoxycuminyle dans l'huile essentielle de *Doronicum corsicum* L., [P20]. Son spectre de masse IE est caractérisé par la présence de signaux intenses à m/z 250 correspondant à l'ion moléculaire, à m/z 235 [M-CH3]$^+$, à m/z 180 (pic de base) et de signaux de moindre importance à m/z 164 et m/z 43. L'étude en ICP-NH3 et ICN-NH3 permet de confirmer la masse moléculaire du composé par l'observation respective des ions [M+NH4]$^+$ abondant à m/z 268 et [M-H]$^-$ à m/z 249. L'observation en ICN-NH3 d'un ion carboxylate RCOO$^-$ à m/z 87 [C3H7COO]$^-$ est caractéristique d'un groupement butyrate ou isobutyrate. L'observation en ICP-CH4 d'un ion [C11H15O]$^+$ à m/z 163 suggère une structure de type méthoxycymène sur la base de la perte d'une molécule acide (RCOOH) à partir de la molécule protonée, dissociation commune chez les dérivés thymyliques

(144, 145). Ces résultats suggèrent, que le composé recherché présente une structure d'esters dérivés du méthoxycymène de masse molaire de 250 avec un groupement carboxylate de masse 87 (butyrate ou isobutyrate). La structure et la position des groupes fonctionnels sur le cycle benzénique de l'isobutyrate de 3-méthoxycuminyle a pu être précisée par une étude en RMN du carbone-13 par reconstitution de la structure en comparant les valeurs des déplacements chimiques mesurées dans les fractions avec celles de molécules « modèles » contenues dans les bibliothèques, à savoir l'oxyde de thymyle et de méthyle et l'isobutyrate de thymyle obtenu par synthèse (Figure 12). Des recherches dans la littérature ont montré que ce composé à été identifié par Shatcher et al. (162) dans un extrait au solvant *d'Inula viscosa*.

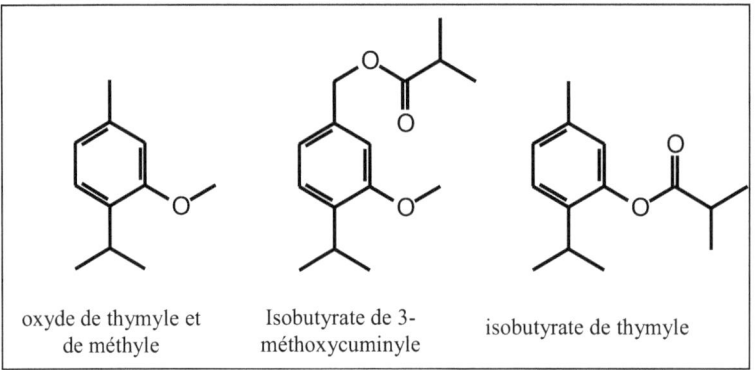

| oxyde de thymyle et de méthyle | Isobutyrate de 3-méthoxycuminyle | isobutyrate de thymyle |

Figure 12 : Structures de l'isobutyrate de 3-méthoxycuminyle et des molécules de référence utilisées pour son identification.

Enfin, nous décrirons la séquence purification-identification structurale qui a conduit à la caractérisation des angélates de thymyle et de 10-isobutyryloxy-8,9-époxythymyle, molécules qui à notre connaissance n'avaient jamais été décrites auparavant. Par chromatographies successives sur colonne de silice, les deux molécules ont été concentrées respectivement à des teneurs de 72 et 75 % dans deux fractions différentes. L'identification des deux angélates en tant que constituants de l'huile essentielle de *Doronicum corsicum* [P20], a été établie à la suite d'une analyse structurale fine (SM, RMN ^{1}H et ^{13}C, DEPT, HSQC et HMBC).

La masse moléculaire de l'angélate de thymyle $C_{15}H_{20}O_2$ (M=232) a été déduite à partir de l'observation des ions quasi-moléculaires sur les spectres de masse IC et de la réalisation d'une séquence DEPT renseignant sur la nature des carbones de la molécule. L'examen des spectres de RMN proton et carbone a montré la présence de valeurs de déplacements chimiques caractéristiques d'un squelette thymyle et d'un groupement angélate, confirmés par l'observation de couplages longue distance ^{1}H-^{13}C sur le spectre HMBC, assurant ainsi la caractérisation de la structure de l'angélate de thymyle (Figure 13).

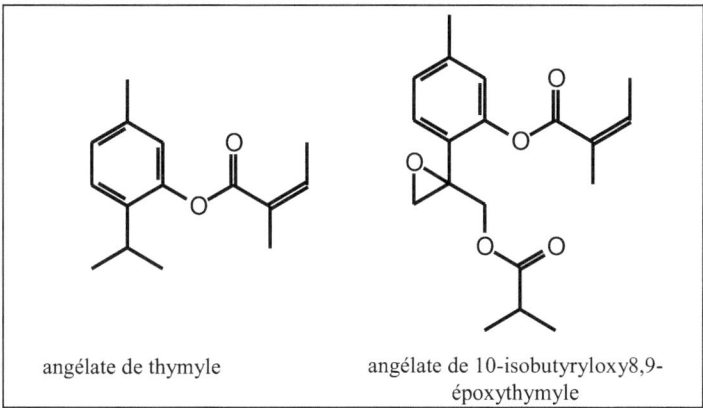

| angélate de thymyle | angélate de 10-isobutyryloxy8,9-époxythymyle |

Figure 13 : Structure de l'angélate de thymyle et de l'angélate de 10-isobutyryloxy-8,9-époxythymyle identifiés dans l'huile essentielle de *Doronicum corsicum.*

Comme précédemment, après déduction de la masse moléculaire et de la formule brute d'un composé inconnu $C_{19}H_{24}O_5$ (M=332) à partir des spectres SM-IC et RMN-DEPT, la structure de l'angélate de 10-isobutyryloxy-8,9-époxythymyle a été déduite par dépouillement des spectres SM, RMN ^{1}H et ^{13}C, DEPT, HSQC et HMBC. L'examen des spectres RMN ^{1}H et ^{13}C nous ont orienté vers un dérivé du thymol substitué en position 3 par un groupement fonctionnel de type angélate. La présence d'un groupement époxyde en position 8,9 et d'un groupement isobutyrate en position 10 a été confortée par des couplages longue distance ^{1}H-^{13}C sur le spectre HMBC, confirmant ainsi la structure de l'angélate de 10-isobutyryloxy-8,9-époxythymyle (Figure 13).

PARTIE IV : ACTIVITES BIOLOGIQUES DES HUILES ESSENTIELLES

A l'interface des parties précédentes, nous décrirons les résultats obtenus sur un nouvel axe de recherche en lien avec les huiles essentielles : la mise en évidence des activités biologiques et l'identification des principes actifs dans les huiles essentielles et les extraits. En collaboration avec nos collègues microbiologistes du Laboratoire de Biochimie et de Biologie Moléculaire du végétal de l'UCPP et du laboratoire de Chimie Organique, Substances Naturelles et Analyse (COSNA) de l'Université Aboubekr BELKAID de Tlemcen (Algérie), deux démarches sont entreprises :

• la recherche de nouveaux antibiotiques, actifs sur des bactéries sensibles et résistantes, avec des cibles connues ou à découvrir,

• la recherche d'inhibiteurs de mécanismes de résistance bactériens (pompes d'efflux, enzymes inactivant les antibiotiques ou modifiant les cibles).

Ces travaux concernent des micro-organismes impliqués dans les infections nosocomiales et dans des infections alimentaires. Ma contribution au sein de ce projet, concerne la séparation et l'identification des principes actifs contenus dans les huiles essentielles commerciales ou produites au laboratoire.

L'action de 21 huiles essentielles commerciales et 7 huiles essentielles distillées au laboratoire, obtenues à partir de plantes spontanées ou cultivées poussant en Corse a été évaluée sur 5 micro-organismes pathogènes : *Staphylococcus aureus*, *Pseudomonas aeruginosa*, *Enterobacter aerogenes*, *Escherichia coli* et *Campilobacter jejuni* [P21]. L'action inhibitrice de croissance des huiles essentielles sur les micro-organismes a été mesurée à l'aide de deux moyens : le disque de diffusion (163) et par détermination de la concentration minimale d'inhibition (164). Au total, 18 huiles essentielles ont été sélectionnées pour leur efficacité sur au moins une bactérie puis analysées selon la méthodologie d'analyse mise en œuvre au laboratoire. Parmi ces 18 échantillons, 11 huiles essentielles possèdent un composé majoritaire décrit comme possédant une action inhibant la croissance des bactéries. Il s'agit du (E)-cinnamaldéhyde dans *Cinnamomum cassia*, le carvacrol dans *Thymus herba-barona*, le citral dans *Aloysia triphylla* et *Citrus aurantifolia*, la pulégone dans *Calamintha nepeta*, le linalool présent dans *Citrus reticulata* et *C. sinensis* en compagnie du sabinène, l'association bornéol, camphre, verbénone, 1,8-cinéole et α-pinène dans *Rosmarinus officinalis*, le 1,8-cinéole dans *Eucalyptus globulus*, l'acétate de néryle dans *Helichrysum italicum*, l'α-pinène dans *Cedrus atlantica* et *Myrtus communis*. Pour les 6 autres huiles essentielles *Cistus ladaniferus*, *Crithmum maritimum*, *Daucus carota*, *Juniperus communis*, *Mentha aquatica* et *Santolina corsica*, des études complémentaires ont été réalisées pour séparer puis identifier les principes actifs responsables des activités biologiques constatées (165-166).

50

Parallèlement à ce screening des huiles essentielles obtenues à partir des plantes les plus communes de Corse, nous avons étudié l'action de l'huile essentielle *d'Otanthus maritimus* [P13] (cf. § III.1.2) sur trois bactéries impliquées dans les maladies nosocomiales (*Escherichia coli, Staphylococcus aureus* et *Pseudomonas aeruginosa*) et sur deux bactéries impliquées dans des intoxications alimentaires (*Campylobacter jejuni* et *Listeria monocytogenes*). Ce travail a montré que *S. aureus* et *C. jejuni* étaient sensibles à l'huile essentielle brute dont les composés majoritaires sont : le yomogi alcool (30%), le camphre (15 %), l'artémisia alcool (15 %) et l'acétate d'artémisyle (7 %). Parmi eux, seule l'action inhibitrice du camphre est décrite dans la littérature (167). Ainsi, dans l'optique de déterminer le potentiel antibactérien des composés majoritaires, nous avons procédé à une série de chromatographies successives qui nous ont permis de séparer chacun des constituants majoritaires. L'examen des activités biologiques de chaque fraction et sous fraction, a permis de mettre en évidence l'action du yomogi alcool et de l'artémisia alcool, deux alcools monoterpéniques irréguliers contre *S. aureus* et *C. jejuni* (Figure 14). A notre connaissance, c'est la première fois qu'est décrite l'activité antibactérienne de l'huile essentielle de *O. maritimus* ainsi que celle de deux de ses composés majoritaires.

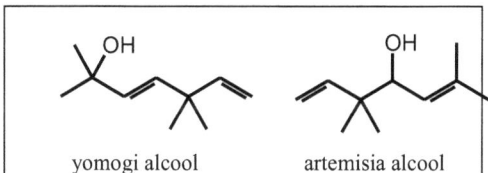

yomogi alcool   artemisia alcool

Figure 14 : Structures du yomogi alcool et de l'artemisia alcool, principes actifs de l'huile essentielle d'*Otanthus maritimus* de Corse.

Enfin, après avoir comparé les modes d'extraction (cf. § I.1), nous avons comparé l'effet des huiles essentielles et des extraits de *O. glandulosum* [P6] et de *S. satureioides* [P7] d'Algérie obtenues par les différentes méthodes (HD, HMO et EMO) sur la croissance de bactéries, de champignons et de levures responsables d'intoxications alimentaires et de maladies nosocomiales. Il apparaît que les mélanges produits par extraction assistée par micro-ondes sont « plus actifs » que les huiles essentielles obtenues par la méthode conventionnelle. En effet, l'extraction assistée par micro-ondes favorise l'extraction de composés polaires, molécules généralement responsables de l'activité biologique. Ainsi au moment de l'extraction, le chauffage rapide et intense des substances polaires et la faible quantité d'eau utilisée, évitent les décompositions thermiques ou hydrolytiques des composés oxygénés (52, 59). Ces derniers se retrouvent donc en quantité plus importantes dans l'huile essentielle conférant à cette dernière une activité accrue. A titre d'exemple, la nature antibactérienne de l'huile essentielle *d'O. glandulosum* d'Algérie est due à la présence de composés phénoliques tels que le thymol, le carvacrol et l'oxyde de carvacryle et de méthyle, connus pour leur activité (7). En particulier, le thymol représente 81,1% dans l'huile essentielle extraite par micro-ondes contre seulement 41% dans celle obtenue par hydrodistillation. Ainsi, nous avons montré que l'extraction assistée par micro-ondes est une méthode rapide et efficace pour produire des huiles essentielles biologiquement actives. De plus, l'activité accrue de ces mélanges sur les bactéries, champignons et levures responsables d'intoxications alimentaires et/ou d'altérations des aliments, témoigne d'un véritable potentiel de l'extraction assistée par micro-ondes sans solvant dans le domaine de l'agro-alimentaire.

PARTIE V : TRAVAUX EN COURS ET PERSPECTIVES

Dans cette dernière partie du chapitre, je me propose de présenter les études en cours de réalisation et les pistes de travail qui seront explorées dans le futur immédiat. Le thème principal du laboratoire CPN demeure la valorisation des plantes à parfums, aromatiques et médicinales poussant à l'état spontané ou cultivé en Corse ou encore pouvant y être introduites dans un objectif de développement durable. Dans ce contexte, la caractérisation des produits issus des PPAM reste un objectif primordial et par conséquent la maîtrise et le développement des techniques d'analyses chromatographiques et spectroscopiques est une priorité pour le laboratoire. Totalement compatibles avec le couplage CPG/SM, le développement de techniques de préparation des échantillons capables d'extraire les composés volatils contenus dans des matrices solides et liquides, a entraîné une évolution prometteuse de la thématique initiale vers la caractérisation et la valorisation des ressources et produits agro-alimentaires. De plus, la sécurité alimentaire est l'une des préoccupations les plus importantes en santé publique. La mise en évidence de principes actifs permettant de réduire ou d'éliminer les microorganismes présents dans les aliments est un souci permanent et dans ce contexte les huiles essentielles peuvent être utilisées comme additifs antibactériens.

Ainsi, à moyen terme, je souhaite m'investir dans les axes précités :

• en contribuant à l'optimisation de la méthode d'analyse par l'étude combinée par CPG/Indices de rétention, CPG/SM (IE et IC) et RMN du carbone-13 d'huiles essentielles complexes. Des études ont déjà débuté sur les huiles essentielles de *Teucrium scorodonia*, *Anthemis maritima* et *Eryngium maritimum* originaires de Corse et de Sardaigne,

• en poursuivant l'exploration de la fraction volatile émise par les plantes aromatiques, extraite des jus de fruits et des huiles d'olives par MEPS-CPG/SM mais aussi en étendant mon champ de compétences à l'aide de nouvelles techniques d'extraction. Ces techniques ainsi que la MEPS seront mises en œuvre pour la caractérisation des hydrolats produits au cours de la distillation mais aussi des produits de l'agro-alimentaire tels que les laits et fromages, le miel ou encore les boissons alcoolisées (liqueurs et eaux de vie) produits en Corse,

• en développant une activité de transfert de technologies vers des producteurs locaux afin de leur fournir les données scientifiques (suivi de mise en culture, suivi de distillation, variabilité chimique, procédé de transformation du végétal...) leur permettant de valoriser au mieux leur produit,

- en participant à la purification et à l'identification de principes actifs présents dans les huiles essentielles et les extraits et en contribuant ainsi à la compréhension des mécanismes d'action de ces molécules sur les micro-organismes.

V.1. Combinaison des techniques d'analyse.

Comme nous l'avons montré précédemment, la combinaison de techniques chromatographiques (CLC, CPG) et de techniques spectroscopiques (SM-IE, -IC et RMN) s'est avérée très performante pour l'analyse fine de la composition chimique d'une huile essentielle. Actuellement, nous poursuivons des travaux relatifs à la caractérisation appronfondie de plusieurs huiles essentielles complexes, j'ai choisi de présenter deux exemples d'études en cours de réalisation.

Le premier exemple décrit l'intérêt de combiner différentes techniques d'analyse pour l'identification des molécules thermosensibles. Ce travail a été réalisé dans le cadre du stage de Maîtrise de Chimie de Franck Mella. L'analyse par RMN du Carbone-13 de la fraction hydrocarbonée de l'huile essentielle de *T. scorodonia*, a permis de mettre en évidence le réarrangement thermique du germacrène B (Figure 15) en γ-élémène analogue à celui fournissant le δ-élémène à partir du germacrène D reporté dans la littérature (168).

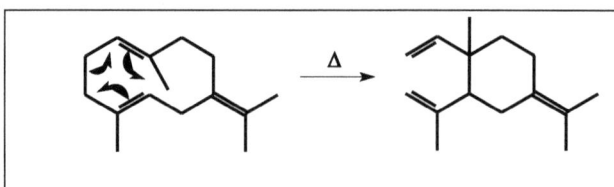

Figure 15 : Réarrangement thermique du germacrène B.

En effet, bien que les spectres de RMN soient décrits dans la littérature, les raies de résonnance du γ-élémène n'ont pu être repérées sur le spectre de la fraction alors que ce dernier était identifié par CPG/SM. L'analyse combinée a conduit à l'identification de 72 composés qui représentent plus de 92% de la composition chimique totale. Les composés majoritaires sont le (E)-β-caryophyllène (23,2%), l'α-humulène (8,3%), l'α-cubébène (7,0%) et le germacrène B (6,1%). Cette étude a donc permis d'identifier le germacrène B, sesquiterpénique hydrocarboné thermosensible qui à notre connaissance, est reporté pour la première fois dans l'huile essentielle de *T. scorodonia*.

Le deuxième exemple montre à nouveau les potentialités de l'ionisation chimique pour l'identification de plusieurs esters terpéniques présents dans l'huile essentielle *d'Anthemis maritima* L. de Sardaigne. Il est réalisé dans le cadre du travail de doctorat de Florent Darriet. Ainsi, 14 esters de la famille des chrysanthénanes ont été identifiés sur la base de leurs indices de rétention et de leurs spectres de masse IE, ICP et ICN alors qu'ils étaient tous absents de notre bibliothèque de spectre « Arômes », un seul d'entre eux était catalogué dans une bibliothèque commerciale. Les spectres de masse de ces composés enregistrés en impact électronique ne fournissaient que très peu d'informations si ce n'est une grande similitude pour certains d'entre eux, nous orientant ainsi vers des couples d'isomères. Par contre, les spectres de masse (ICP-CH4) ont permis de différencier les isomères *trans* et *cis* de chaque ester par l'observation d'ions de type [M+H-RCOOH]⁺. Comme décrit précédemment pour les esters non terpéniques identifiés dans *A. briquetii* (cf. §III.2.4), l'examen des spectres de masse ICP-NH3 et ICN-NH3 ont permis de confirmer les masses moléculaires, de déterminer la nature de la partie ester de chaque composé mais aussi de confirmer la présence des couples d'isomères.

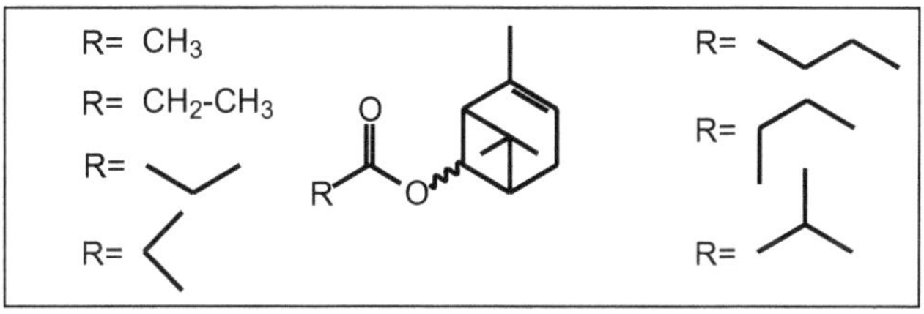

Figure 16 : Esters du chrysanthényle identifiés dans l'huile essentielle *d'Anthemis maritima*.

Au total, 91 composés représentant 91% de l'huile essentielle ont été identifiés, l'acétate de *trans*-chrysanthényle est le composé majoritaire (63%). Il est accompagné de plusieurs esters du chrysanthénol absents de nos bibliothèques et dont les données spectrales ne sont pas ou que partiellement décrites dans la littérature. Afin de compléter le travail, nous avons réalisé la synthèse des isomères *cis* et *trans* de la série d'esters. Huit d'entre eux ont été séparés et analysés. L'acquisition des données RMN est en cours de réalisation.

V.2. Renforcement de l'utilisation de la MEPS et extension aux autres méthodes d'extraction d'espace de tête.

Nous avons montré que la Micro-Extraction en Phase Solide associée à la CPG/Ir et à la CPG/SM, est une technique de pré-concentration sans solvant nécessitant peu d'échantillon, rapide, simple d'utilisation et reproductible capable de nous donner des informations qualitatives et semi-quantitatives afin de caractériser les composés volatils émis par une plante ou de contrôler la qualité de produits de l'agroalimentaire tels que les jus d'agrumes ou les huiles d'olives. Actuellement, nous poursuivons notre activité sur ces mêmes substrats, les exemples suivants en témoignent.

Le premier exemple concerne la caractérisation des composés volatils émis par la plante entière et les organes séparés (fleurs et rameaux) frais et secs *d'Achillea ligustica* All. (Asteraceae) de Corse. Il a été réalisé au laboratoire CPN dans le cadre du travail de fin d'étude de M. Pau (Université de Sassari, Sardaigne). Parallèlement, une étude sur les huiles essentielles obtenues à partir du même matériel végétal a été réalisée. Les premiers résultats corroborent les conclusions tirées lors du travail mené sur *Adenostyles briquetti* (cf. § I.2). La MEPS est une technique de prélèvement simple, rapide et reproductible qui associée à la CPG/Ir et à la CPG/SM permet de caractériser les composés volatils émis par *A. ligustica*. De plus, il apparaît qu'il n'y a pas de différences qualitatives significatives entre la composition de la fraction volatile obtenue à partir de la plante entière et celles obtenues à partir des organes séparés, et ce aussi bien pour le végétal frais que sec. En effet, le camphre (21,0-25,6%) et le santolina alcool (10,1-16,2%) sont toujours les composés majoritaires, toutefois quelques différences quantitatives s'observent pour les autres composés en fonction de l'organe et l'état du végétal. Enfin, même si la comparaison avec l'huile essentielle n'est pas envisageable directement, il apparaît de fortes similitudes entre les profils chromatographiques des huiles essentielles et des fractions volatiles étudiées. Ceci, s'explique vraisemblablement par la forte abondance des monoterpènes qui sont extraits dans des proportions quasi-similaires par hydrodistillation et par MEPS dans les conditions que nous avons optimisées et mises en œuvre pour l'analyse.

Notre contribution à l'amélioration de la qualité des produits de l'industrie alimentaire se poursuit et s'intensifie par la caractérisation des arômes :
• des jus d'agrumes avec nos partenaires du centre de recherche en Agronomie INRA-CIRAD de Corse. Après l'examen des arômes de différents hybrides d'agrumes (Mandarine-Clémentine), nous avons éxaminé l'incidence de l'épluchage du fruit et du cycle végétatif sur la qualité du jus produit dans le but d'optimiser les conditions de récolte et de production des jus. Un article est en cours de finalisation. Par la suite nous projetons de réaliser la même études sur des limes.
• des huiles d'olives avec le Laboratoire de Biochimie et de Biologie Moléculaire du végétal de l'UCPP. Après l'étude des composés volatils émis par la pâte d'olives en fonction de la maturité du fruits, l'objectif complémentaire consiste à analyser les arômes produits au cours de la fabrication de l'huile d'olive et en particulier pendant l'étape de malaxage sur des olives à différents

stades de maturité. Ce travail déjà débuté sur deux variétés de Corse (*Germaine* et *Leccino*) sera extrapolé à deux variétés d'olives Tunisienne (*Chetoui* et *Chemlali*).

Nous souhaitons étendre notre contribution à l'amélioration de la qualité des produits de l'industrie alimentaire en caractérisant les arômes :

- des fromages et des laits, dans le but d'étudier les relations entre les pratiques pastorales et les caractéristiques chimiques et biochimiques des produits fermiers de Corse. Ce travail qui connaît un commencement d'exécution sera entrepris en partenariat avec le centre de recherches sur le développement de l'Elevage INRA de Corse qui aura en charge, notamment l'aspect microbiologique et économique,

- dans les miels, afin de compléter la cartographie pollinique réalisée par le Laboratoire Miels et Pollens de l'UCPP, par une cartographie aromatique des miels produits en Corse,

- dans les boissons alcoolisées, comme les liqueurs et eaux de vie afin d'optimiser la phase de maturation du fruit, phase au cours de laquelle les composés volatils sont formés avant de se retrouver en quantité suffisante pour être perceptible dans les liqueurs et eaux de vie. Ce travail sera mené en collaboration avec un industriel local.

Pour cela, nous combinerons les résultats obtenus par MEPS associée à la CPG/Ir et CPG/SM avec ceux obtenus avec d'autres techniques de préparation d'échantillons permettant le prélèvement de composés volatils dans l'espace de tête, tels l'extraction statique à l'aide d'une petite barre métallique recouverte d'un adsorbant placée dans la phase gazeuse en équilibre avec la matrice (72, 73) ou encore l'extraction dynamique des volatils par entrainement sous l'action d'un flux de gaz inerte et accumulation sur un piège. Dans les deux cas l'analyse est précédée par une étape de désorption. L'acquisition récente d'un appareil à désorption thermique couplée à la CPG/FID et/ou à la CPG/SM a déjà donné des premiers résultats prometteurs sur les jus d'agrumes et les huiles d'olives. De plus, l'objectif complémentaire est d'apporter des informations quantitatives plus précises, en mesurant l'abondance des composés volatils non plus de manière relative mais de manière absolue par étalonnage interne aussi bien en CPG/FIG que par CPG/SM. Au travers, de l'aspect très appliqué de ce projet, la mise au point des protocoles expérimentaux nécessaires à l'étude de nouvelles matrices par des techniques nouvelles, constitue un travail méthodologique intéressant à mener.

V.3. Transfert de technologies vers les producteurs et les industriels.

En guise d'extension de notre action auprès des producteurs et industriels, nous avons initié une étude destinée à caractériser et valoriser des hydrolats obtenus au cours de la distillation de plantes aromatiques. Les hydrolats chargés en molécules aromatiques hydrosolubles ont, notamment des vertus thérapeutiques certaines. Leurs compositions chimiques et leurs propriétés sont différentes de celles des huiles essentielles (169). Dans un premier temps nous étudions par CPG/SM les hydrolats extraits à l'oxyde de diéthyle obtenus à partir des huiles essentielles les mieux commercialisées par les producteurs locaux. Des premiers résultats probants ont été obtenus avec les hydrolats *d'Helichrysum italicum* et de *Myrtus communis*. Nous envisageons dans un futur proche d'appliquer la MEPS et l'extraction dynamique pour l'identification et la quantification des constituants de ces mélanges aqueux.

Parallèlement aux travaux décrits ci-dessus, nous avons débuté l'étude d'huiles essentielles s'insérant dans les différents programmes de recherche (Interreg, coopération décentralisée, conventions avec des producteurs ou des universités partenaires) auxquels nous participons. Au delà de l'aspect attrayant de la recherche à savoir l'analyse et la description de la composition chimique d'huiles essentielles non encore connues, l'objectif est de participer à la formation par la recherche de chercheurs nationaux ou étrangers mais aussi de valoriser la filière Plantes à Parfums Aromatiques et Médicinales (PPAM) en contribuant à un transfert de technologies vers les producteurs locaux ou extérieurs. Les travaux menés s'inscrivent parfaitement dans une dynamique socio-économique mais aussi de protection et de gestion de l'environnement. Pour cela, en fonction de l'intérêt de chaque partenaire, nous pouvons réaliser :

- la recherche des critères de définition de la qualité des produits et le contrôle de la qualité (analyse fine des huiles essentielles, étude de la variabilité chimique intra et inter stations, suivi de la composition chimique au cours du cycle végétatif),

- optimiser les conditions technologiques de leur production (suivi des modes de cultures, d'extraction et de séchage du végétal, développement de nouvelles techniques d'extraction…). Le défi des années à venir consiste à passer de l'espèce poussant à l'état spontanée à l'espèce cultivée en préservant la qualité de son huile essentielle. Pour cela, l'étape de mise en culture qui devient indispensable pour des raisons écologiques et économiques, doit être totalement maitrisée notamment par un contrôle de la qualité de l'huile essentielle produite.

V.4. Identification de principes actifs et comprehension de leur mécanisme d'action.

Les premiers résultats obtenus avec nos collègues microbiologistes de l'UCPP et de l'Université de Tlemcen nous conduisent à poursuivre notre action dans cette voie. Il est évident que ce travail est générateur de retombées importantes au plan de la santé publique en générale et au plan de la sécurité alimentaire, en particulier.

L'enjeu majeur de la recherche des principes actifs présents dans les huiles essentielles, a pour objectif la compréhension des mécanismes d'action des ces principes actifs afin de lutter contre les multi-résistances que développent les micro-organismes. Un des phénomènes mis en jeu par les micro-organismes pour développer cette résistance aux antibiotiques est le mécanisme d'efflux à travers de la membrane cellulaire afin de rejeter l'antibiotique à l'extérieur et se protéger de ce dernier (170). Un travail en cours de réalisation, engagé avec la Faculté de Médecine de l'Université de la Méditerranée (Marseille-France) met en évidence la présence de molécules susceptibles d'inhiber l'action des pompes à efflux d'*Enterobacter aerogenes*, important pathogène résistant aux antibiotiques et aux antiseptiques, dans l'huile essentielle *d'Helichrysum italicum* de Corse. La séparation et l'identification des molécules responsables de cette activité est en cours de réalisation.

De plus, les plantes ont de tous temps, été utilisées en médecine traditionnelle pour le traitement de nombreux troubles (171, 172). Avant « l'aire synthétique » des années 1990, 80% des médicaments étaient extraits à partir des racines, écorces et feuilles de plantes. Malgré le développement de la chimie de synthèse, les produits naturels restent une source importante de molécules biologiques actives puisque 60% des anticancéreux et 70% des anti-infectieux usités de nos jours proviennent de produits naturels (173). Un grand nombre de travaux ont été menés pour identifier les principes actifs responsables des activités pharmacologiques des plantes communément utilisées en médecine traditionnelle. Une grande majorité des molécules biologiquement actives sont isolées à partir de la fraction lourde des plantes, à moyen terme nous proposons d'étendre la recherche de nouveaux principes actifs dans les extraits végétaux obtenus aux solvants.

III.   LISTE DES TRAVAUX

THESE

[T1] **Muselli A.**, Contribution de la RMN du carbone-13 à l'analyse d'huiles essentielles de Corse et du Viêt-Nam, Thèse de l'Université de Corse, 22 janvier 1999.

PUBLICATIONS

[P1]. **Muselli A.**, Bighelli A., Hoi T.M., Thao N.T.P., Thai T.H., Casanova J., Dihydroperillaldehydes from *Enhydra fluctuans* Lour. essential oil, *Flav. Frag. J.*, 2000, **15**, 299-302.

[P2]. **Muselli A.**, Hoi T.M., Cu L.D., Moi L.D., Bessière J-M., Bighelli A., Casanova J., Composition of the Essential Oil of *Acanthopanax trifoliatus* (L.) Merr. (Araliaceae) from Vietnam, *Flav. Frag. J.*, 1999, **14**, 41-44.

[P3]. Dúng N.X., Khiên P.V., Nhuân Đ.Đ., Hoi T.M., Ban N.K., Leclercq P.A., **Muselli A.**, Bighelli A., Casanova J., Composition of the Seed Oil of *Hibiscus abelmoschus* L. (Malvaceae) growing in Vietnam, *J. Essent. Oil Res.*, 1999, **11**, 447-452.

[P4] Tam N.T., Lai An H., **Muselli A.**, Bighelli A., Casanova J., Essential Oil of an Unidentified *Illicium* Species from Ninh Binh Province, Vietnam, *Flav. Frag. J.*, 1998, **13**, 393-396.

[P5]. Dung N.X., Cu L.D., Khien P.V., **Muselli A.**, Casanova J., Barthel A., Leclercq P.A., Volatile Constituents of the Stem and Leaf Oils of *Eupatorium coelestinum* L. from Vietnam, *J. Essent. Oil Res.*, 1998, **10**, 478-482.

[P6]. Bendahou M., **Muselli A.**, Grignon-Dubois M., Benyoucef M., Desjobert J-M., Bernardini A-F., Costa J., Antimicrobial activity and chemical composition of *Origanum glandulosum* Desf. essential oil and extract obtained by microwave extraction: Comparison with hydrodistillation, *Food Chem.*, 2008, **106**, 132-139.

[P7]. Bendahou M., Benyoucef M., **Muselli A.**, Desjobert J-M., Paolini J., Bernardini A-F., Costa J., Antimicrobial activity and chemical composition of *Saccocalyx satureioides* Coss. et Dur. essential oil and extract obtained by microwave extraction. Comparison with hydrodistillation, *J. Essent. Oil Res.*, (sous presse)

[P8] Paolini J., Nasica E., Desjobert J.-M., **Muselli A.**, Bernardini A-F., Costa J., Analysis of volatile constituents isolated by hydrodistillation and headspace-solid phase microextraction from *Adenostyles briquetii* Gamisans, *Phytochem. Anal.*, 2007, **18**. (Doi 10.1002.pca).

[P9]. **Muselli A.**, Desjobert J-M., Bernardini A-F., Costa J., Santolina alcohol as component of the essential oil of *Achillea ageratum* L. from Corsica Island, *J. Essent. Oil Res.*, 2007, **19**, 319-322.

[P10]. Tam N.G.T., An H. L., Bighelli A., **Muselli A.**, Casanova J., Advances in the chemical composition of essential oils from *Illicium griffithii* Hook. f. et Thoms. from Vietnam, *J. Essent. Oil Res.*, 2005, **17**, 79-81.

[P11]. Bighelli A., **Muselli A.**, Tam N.T., Anh V.V., Bessière J-M., Casanova J., Chemical variability of *Litsea cubeba* leaf oil from Vietnam, *J. Essent. Oil Res.*, 2005, **17**, 86-88.

[P12]. Thao T. P., Thuy N.T., Hoi T.M., Thai T.H., **Muselli A.**, Bighelli A., Castola V., Casanova J., *Artemisia vulgaris* L. from Vietnam: Chemical variability and composition of the oil along the vegetative life of the plant, *J. Essent. Oil Res.*, 2004, **16**, 358-361.

[P13]. **Muselli A.**, Rossi P-G., Desjobert J-M., Bernardini A-F., Berti L., Costa J., Chemical composition and antibacterial activity of *Otanthus maritimus* (L.) Hoffmans. & Link essential oil from Corsica, *Flav. Frag. J.*, 2007, **22**, 217-223.

[P14]. **Muselli A.**, Desjobert J-M., Paolini J., Bernardini A-F., Costa J., Rosa A., Assunta Dessi M., Chemical composition of the essential oils of *Teucrium chamaedrys* L. from Corsica and Sardinia, *J. Essent. Oil Res.*, (sous presse)

[P15]. Blanc M.C., **Muselli A.**, Bradesi P., Casanova J., Chemical composition and variability of the essential oil of *Inula graveolens* L. from Corsica, *Flavour Frag. J.*, 2004, **19**, 314-319.

[P16]. Botti J.B., **Muselli A.**, Tomi F., Koukoua G., N'Guessan T.Y., Costa J., Casanova J., Combined analysis of *Cymbopogon giganteus* Chiov. Leaf oil from Ivory Coast by GC/RI, GC/MS and ^{13}C-NMR, *C.R. Chimie*, 2006, **9**, 164-168.

[P17]. Lesueur D., Ban N.K., Bighelli A., **Muselli A.**, Casanova J, Analysis of root oil of *Fokienia hodginsii* (Dunn) Henry et Thomas (Cupressaceae) by GC, GC-MS and ^{13}C-NMR, *Flav. Frag. J.*, 2006, **21**, 171-174.

[P18]. Botti J.B., Koukoua G., N'Guessan T.Y., **Muselli A.**, Bernardini A-F., Casanova J., Composition of the leaf, stem bark and root bark oils of *Isolona cooperi* investigated by GC (retention index), GC-MS and ^{13}C-NMR, *Phytochem. Anal.*, 2005, **16**, 357-363.

[P19]. Cozzani S., **Muselli A.**, Desjobert J-M., Bernardini A-F., Tomi F., Casanova J. , Chemical composition of essential oil of *Teucrium polium* subsp. *capitatum* (L.) from Corsica, *Flav. Frag. J.*, 2005, **20**, 436-441.

[P20]. Paolini J., **Muselli A.**, Bernardini A.-F., Bighelli A., Casanova J., Costa J., Thymol derivatives from essential oil of *Doronicum corsicum* L., *Flav. Frag. J.*, **22**, 479-487.

[P21]. Tam N.G.T., Thuam D.T., Bighelli A., Castola V., **Muselli A.**, Richome P., Casanova J., *Baeckea frutescens* leaf oil from Vietnam: composition and chemical variability, *Flav. Frag. J.*, 2004, **19**, 217-220.

[P22]. Rossi P-G., Panighi J., Luciani A., Bednarek A., De Rocca Serra D., Maury J., **Muselli A.**, Bolla., J-M., Berti L. Antibacterial action of Corsican essential oils, *J. Essent. Oil Res.*, 2007, **19**, 176-182.

AUTRES PUBLICATIONS

[P23]. Thai T.H., Huong N.T., Bang B.T., **Muselli A.**, Bighelli A., Casanova J., Oil content and chemical composition of *Angelica acutiloba* leaves grown in Thay Nguyen, Vietnam, *Journal of Materia Medica*, 1999, **4**, 55-58 (en vietnamien).

[P24]. Thai T.H., Moi L.D., Hoi T.M., **Muselli A.**, Casanova J., Production et composition de l'huile essentielle de *Pogostemon cablin* en relation avec la récolte,*Revue-pharmaceutique*. 1999, **2**, 31-35.

[P25]. Thao N.T.P., Thuy N.T., **Muselli A.**, Bighelli A., Casanova J., Composition et variabilité chimique de l'huile essentielle d'*Ocimum basilicum* des comores introduit au Viêt-Nam, *Revue-pharmaceutique*. 1999, **1**, 14-20.

[P26]. Tam N.T., Lai An H., **Muselli A.**, Bighelli A., Casanova J., Contribution à la connaissance du badanier montagneux *Illicum sp*d provinces du nord di Viêt-Nam. III Les badaniers montagneux de la Province de Ninh Binh, *Journal of Materia Medica*, 1998, **3**, 84-86.

COMMUNICATIONS
❖ Orale
[Co]. Cozzani S., Desjobert J-M., **Muselli A.**, Bernardini A.F., Tomi F., Casanova J., Composition chimique de l'huile essentielle de *Teucrium polium* ssp.*capitatum* originaire de Corse, Congrès International Environnement et Identité en Méditerranée - CORTE - CORSE (France) - 3-5 juillet 2002

❖ Avec Actes de colloques

[C1]. **Muselli A.**, Bighelli A., Corticchiato M., Acquarone L., Casanova J., Composition chimique d'huiles essentielles *d'Eucalyptus globulus* hydrodistillées et hydrodiffusées, 15èmes Journées Internationales Huiles Essentielles, Digne-les-Bains 5-7/09/96. Actes, *Rivista Italiana EPPOS*, N° Spécial, 1997, 638-643.

[C2]. Hoi T.M., Moi L.D., **Muselli A.**, Bighelli A., Casanova J., Analyse de l'huile essentielle de *Cupressus funebris* du Vietnam par RMN du carbone-13, 15èmes Journées Internationales Huiles Essentielles, Digne-les-bains 5-7/09/96. Actes, *Rivista Italiana EPPOS*, N° Spécial, 1997, 632-637.

[C3]. Rezzi S., **Muselli A.**, Bighelli A., Casanova J., Analyse d'huiles essentielles de pins laricio de Corse (*Pinus nigra* ssp. *laricio*) par RMN du Carbone-13, 16èmes Journées Internationales Huiles Essentielles, Digne-les-bains 3-6/09/97. Actes, *Rivista Italiana EPPOS*, N° Spécial, 1998, 766-771.

[C4]. Baldovini N., **Muselli A.**, Ristorcelli D., Tomi F., Casanova J., Variabilité chimique de *Lavandula stoechas* L. ssp. *stoechas* de Corse, 16èmes Journées Internationales Huiles Essentielles, Digne-les-bains 3-6/09/97. Actes, *Rivista Italiana EPPOS*, N° Spécial, 1998, 773-780.

[C5]. Barboni T., Chiaramonti N., **Muselli A.**, Desjobert J-M., Bernardini A-F., Costa J., Analyses des arômes de jus de fruits par SPME/GC/MS, Symposium Eurochem, Nancy, France, 28 août –1er septembre 2005.

[C6]. Rossi P-G., Panighi J., Luciani A., Bednarek A., De Rocca Serra D., Maury J., **Muselli A.**, Bolla J-M., Berti L., Antibacterial action of corsican essential oils, Congrès international « Environnement et Identité en Méditerranée » Corte, France, 19-25/07/2004.

[C7]. Paolini J., Desjobert J.-M., **Muselli A.**, Flamini G., Costa J., Morelli I., Bernardini A.-F., Analyse des huiles essentielles d'*Eupatorium cannabinum* L de Corse (subsp. *corsicum*) et de Toscane, Congrès international « Environnement et Identité en Méditerranée » Corte, France, 19-25/07/2004.

[C8]. **Muselli A.**, Desjobert J.-M., Costa J., Flamini G., Morelli I., Comparaison des huiles essentielles de *Teucrium flavum* L. de Corse et d'Italie, Congrès international « Environnement et Identité en Méditerranée » Corte, France, 19-25/07/2004.

[C9]. **Muselli A.**, Desjobert J.-M., Costa J., Composition chimique des huiles essentielles de deux espèces d'Achillée de Corse, Congrès international « Environnement et Identité en Méditerranée » Corte, France, 19-25/07/2004.

[C10]. Barboni T., Malaterre P., Chiaramonti N., Desjobert J.-M., **Muselli A.**, Costa J., Bernardini A.-F., Analyse des composés volatils dans les fruits et jus de fruits, Congrès international « Environnement et Identité en Méditerranée » Corte, France, 19-25/07/2004.

[C11]. Cioni P.L., Flamini G., Morelli I., **Muselli A.**, Costa J., Bernardini A.-F., Composizione degli oli essenziali delle sommità (foglie e rami) e dei capolini in piena fioritura di *Eryngium amethistinum* raccolti sul Monte Amiata, Congrès international « Environnement et Identité en Méditerranée » Corte, France, 19-25/07/2004.

[C12]. Rossi P-G., Panighi J., Luciani A., De Rocca Serra D., Maury J., **Muselli A.**, Berti L., Antimicrobial action of essential oils from Corsica, Congrès international « Environnement et Identité en Méditerranée » Hammamet (Tunisie) 10-13/12/2003.

[C13]. Blanc M-C., **Muselli A.**, Bradesi P., Casanova J., Composition and chemical variability of the essential oil of *Inula graveolens* from Corsica, 50th Annual Congress of the Society for Medicinal Plant Research, Barcelona (Espagne), 08-12/09/2002.

[C14]. Cozzani S., Donsimoni D.A., Desjobert J-M., **Muselli A.**, Bernardini A-F., Composition chimique des huiles essentielles de trois *Teucrium* poussant à l'état spontané en Corse, Congrès International Environnement et Identité en Méditerranée - CORTE - CORSE (France), 3-5/07/2002.

❖ **Sans Actes de colloques**

[C15]. Bang B.T., Chau L.T., Loan L.K., Dien V.V., **Muselli A.**, Bighelli A., Casanova J., Direct identification of Ligustilid in the essential oil of *Angelica acutiloba* Kit. introduced in Vietnam, using Carbon-13 NMR Spectroscopy, Ninth Asian Symposium on Medicinal Plants, Spices and Other Natural Products (ASOMPS IX), Hanoi 24-28/09/98.

[C16]. Tam N.T., An H.L., **Muselli A.**, Bighelli A., Casanova J., Advances in the Chemical Composition of *Illicium griffithii* Hook. F. et Thoms. from Vietnam, Ninth Asian Symposium on Medicinal Plants, Spices and Other Natural Products (ASOMPS IX), Hanoi 24-28/09/98.

[C17]. **Muselli A.**, Bighelli A., Dúng N.X., Cu L.D., Khiên P.V., Leclercq P.A., Casanova J., Identification of epi-α-bisabolol in a complex mixture using Carbon-13 NMR Spectroscopy Exemplified by the leaf oil of *Eupatorium coelestinum* L. from Vietnam, Ninth Asian Symposium on Medicinal Plants, Spices and Other Natural Products (ASOMPS IX), Hanoi 24-28/09/98.

[C18]. Thai T.H., **Muselli A.**, Bighelli A., Casanova J., Production and composition of *Pogostemon cablin* essential oil in relation with harvesting, Ninth Asian Symposium on Medicinal Plants, Spices and Other Natural Products (ASOMPS IX), Hanoi 24-28/09/98.

[C19]. Hoi T.M., Cu L.D., Moi L.D., Bessière J-M., **Muselli A.**, Bighelli A., Casanova J., Combination of Capillary GC, GC/MS and Carbon-13 NMR for the Characterization of the essential oil of *Acanthopanax trifoliatus* (L.) (Aralliaceae) from Vietnam, Ninth Asian Symposium on Medicinal Plants, Spices and Other Natural Products (ASOMPS IX), Hanoi 24-28/09/98.

[C20]. Tam N.T., An H.L., Duong N.T., **Muselli A.**, Bighelli A., Casanova J., Etudes sur les huiles essentielles susceptibles d'être exploitées au Viêt-Nam, Congrès "Sciences et Techniques" Hanoi Collegue of Pharmacy, 12/1998.

[C21]. Tam N.T., An H.L., Phuong N.L., Hung T.V., Thuy T.Q., Loc P.K., **Muselli A.**, Bighelli A., Casanova J., Investigation of some species *Illicium* growing wildly in Vietnam, Conférence « Pharma Indochina II » Hanoi, 20-22/10/01.

[C22]. Barboni T., Desjobert J-M., **Muselli A.**, Chiaramonti N., Bernardini A-F., Costa J., Etude des arômes de jus d'hybrides issus d'un mandarinier et d'un clémentinier, 1ère Rencontre sur les substances naturelles : Valorisation et développement – Errachidia (Maroc) 29-30/07/2005.

[C23]. Leandri C., Desjobert J-M., **Muselli A.**, Paolini J., Von Keyserlingk A., Bernardini A-F., Costa J., Valorisation des Huiles Essentielles Corses, 1ère Rencontre sur les substances naturelles : Valorisation et développement – Errachidia (Maroc) 29-30/07/2005.

[C24]. Paolini J., Desjobert J-M., Tomi P., **Muselli A.**, Costa J., Bernardini A-F., Caractérisation des huiles essentielles de Corse, Congrès International sur les Plantes Médicinales et Aromatiques (CIPMA 2007) ; Fès (Maroc), 22-24/03/2007.

[C25]. Nasica E., Paolini J., Desjobert J-M., **Muselli A.**, Costa J., Bernardini A-F., Composition chimique de l'huile essentielle de *Cacalia briquetii,* Congrès International sur les Plantes Médicinales et Aromatiques (CIPMA 2007) ; Fès (Maroc), 22-24/03/2007.

[C26]. Boti J-B., Koukoua G., Yao N'Guessan T., **Muselli A.**, Bernardini A-F., Casanova J., Composition of the leaf, stem bark and root bark oils from *Isolona cooperi* investigated by CG (retention index), GC-MS and ^{13}C-NMR Spectrocopy, International Symposium on Essential Oils (ISEO 35), Messine, Italie, 29/09–02/10 2004.

[C27]. Cozzani S., **Muselli A.**, Desjobert J-M., Bernardini A-F., Tomi F., Casanova J., Chemical composition of the essential oil of *Teucrium polium* subsp. *capitatum* L. (Labiatae) from Corsica (France), International Symposium on Essential Oils (ISEO 33), Lisbonne, Italie, 04-07/09/2002.

RAPPORTS DE CONTRAT

Casanova J., Bighelli A., **Muselli A.,** Production, analyse et valorisation d'huiles essentielles du Viêt-Nam, Programme de Coopération décentralisée, Rapport intermédiaire. 1997, 39p.

Costa J., Bernardini A-F., **Muselli A.,** Huiles Essentielles et Extraits de Plantes a Parfums, Aromatiques et Médicinales : Production – Caractérisation – Valorisation, Programme de Coopération décentralisée, Rapport. 2004, 23p.

CO-ENCADREMENT DE THESE

Paolini J., Caractérisation des huiles essentielles par CPG/Ir, CPG/SM-(IE et IC) et carbone-13 de *Cistus albidus* et de deux asteraceae endémiques de Corse : *Eupatorium cannabinum* subsp. *corsicum* et *Doronicum corsicum*, Université de Corse, 12 décembre 2005.

Barboni T., Contribution de méthodes de la chimie analytique à l'amélioration de la qualité de fruits et à la détermination de mécanismes (EGE) et de risques d'incendie, Université de Corse, 12 décembre 2006.

CO-ENCADREMENT DE THESE EN COURS

Darriet F., Analyse des huiles essentielles et des extraits obtenus à partir de trois plantes aromatiques et médicinales du littoral corse par CPG/SM (IE et IC) : *Anthemis maritima*, *Chamaemelum mixtum* et *Eryngium maritimum*, Université de Corse, (soutenance prévue en 2009).

Akkad S., Contribution à la valorisation de plantes aromatiques et médicinales de la région de Tensift-El-haouz - Marrakech : étude chimique et contrôle qualité, (cotutelle ; Université cadi Ayyad de Marrakech ; soutenance prévue en 2009).

ENCADREMENT DE STAGIAIRES

❖ Stages de 2ème cycle

Nicolaï E., Contribution à l'analyse des huiles essentielles par RMN du carbone-13 - Caractérisation du verbénène - Application à l'étude de *Crithmum maritimum.*, Maîtrise de Chimie, Université de Corse, 1997.

Cozzani S., Etude des mécanismes de fragmentations d'esters observés en spectrométrie de masse - Application à l'huile essentielle de *Pelargonium graveolens*, Maîtrise de chimie, Université de Corse, 2000.

Ottavi A., Etude d'esters terpéniques en CPG/SM et CPG/Indices de rétention. Etude de la composition chimique de l'huile essentielle de *Teucrium chamaedrys* L. de Corse, Maîtrise de chimie, Université de Corse, 2002.

Mella F., Analyse de la composition chimique de l'huile essentielle de *Teucrium scorodonia* L. de Corse, Maîtrise de chimie, Université de Corse, 2003.

Mondoloni J., Contribution à l'étude de plantes aromatiques et médicinales : Composition chimique de l'huile essentielle d'*Achillea ligustica*, Maîtrise de chimie, Université de Corse, 2003.

Mattei S., Etude de la composition chimique de l'huile essentielle d'*Otanthus maritimus* (L.) de Corse, Maîtrise IUP « Génie de l'Environnement », Université de Corse, 2004.

Malaterre P., Optimisation de la méthode d'échantillonnage SPME et application aux arômes de jus de fruits, Maîtrise de chimie, Université de Corse, 2004.

❖ Stages de 3ème cycle

Cozzani S., Etude de la composition chimique de l'huile essentielle de *Teucrium polium* subsp. *capitatum*, stage DEA SPE option biodiversité, Université de Corse, 2001.

Donsimoni A., Analyse de l'huile essentielle de *Teucrium marum* L. de Corse, DEA SPE option biodiversité, Université de Corse, 2002.

Darriet F., Etude de la composition chimique de l'huile essentielle *d'Anthemis maritima* de Corse et de Sardaigne par CPG et CPG-SM, Master Biomolécules Recherche 2ième année, Université de Corse, 2006.

Pau M., Caractérisation des huiles essentielles et des volatils (via SPME) *d'Achillea ligustica* L. de Corse et de Sardaigne, Laurea en Pharmacie, Université de Sassari – Université de Corse, 2007 (en italien).

Nasica E., Analyse de l'huile essentielle part CPG-FID ; CPG/SM et des composés volatils par SPME/CPG/SM d'une plante endémique de Corse *Adenostyles briquetii,* stage terminal du diplôme d'ingénieur « génie analytique » du CNAM- Paris, 2007.

Venturini N., Les volatils de *Myrtus communis* L. : du végétal aux produits dérivés, Master Biomolécules Recherche 2ième année, Université de Corse, 2007.

INITIATION AUX METHODES CHROMATOGRAPHIQUES D'ENSEIGNANTS-CHERCHEURS ETRANGERS

Bendahoud M., Faculté des Sciences de l'Université Aboubekr BELKAID de Tlemcen (Algérie).

Akrout A., Institut des Régions Arides (IRA), Médénine (Tunisie).

IV.   REFERENCES

1. Associated products, Indian essential oil industry 2005, *Focus on Surfactants*, 2005, **2005**, 4.
2. Tholl D., Boland W., Hansel A., Loreto F., Röse U.S.R., Schnitzler J-P., Practical approaches to plant volatile analysis, *Plant J.*, 2006, **45**, 540-560.
3. http://www.sciencedirect.com/, Elseiver B.V.
4. Burt S. Essential oils: their antibacterial properties and potential applications in foods - a review, *Int. J. Food Microbiol.*, 2004, **94**, 223-253.
5. Observatoire national de l'épidémiologie de la résistance bactérienne aux antibiotiques (ONERBA). Résistance bactérienne aux antibiotiques. Données de l'observatoire national de l'épidémiologie de la résistance bactérienne aux antibiotiques (ONERBA), *Médecines et maladies infectieuses*, 2005, **35**, 155-169.
6. Tepe B., Daferera D., Sokmen A., Sokmen M., Polissiou M. Antimicrobial and antioxidant activities of the essential oil and various extracts of *Salvia tomentosa* Miller (Lamiaceae), *Food Chem.*, 2005, **90**, 333-340.
7. Souza E.L., Stamford T.L.M., Lima E.O., Trajano V.N. Effectiveness of *Origanum vulgare* L. essential oil to inhibit the growth of food spoiling yeasts, *Food control*, 2007, **18**, 409-413.
8. Ipek E., Zeytinoglu H., Okay S., Tuylu B. A., Kurkcuoglu M., Baser K. H. C. Genotoxicity and antigenotoxicity of *Origanum* oil and carvacrol evaluated by *Ames Salmonella*/microsomal test, *Food Chem.*, 2005, **93**, 551-556.
9. Smith-Palmer A., Stewart J., Fyfe L. The potential application of plant essential oil as natural food preservatives in soft cheese, *Food Microbiol.*, 2001, **18**, 463-470.
10. Loeillet D., *Agrumes et jus d'oranges. Cyclope 2007 : Les marchés mondiaux.* Economica, Paris, 2007.
11. Swingle W.T., Reece P.C. *The botany of citrus and relatives in the citrus Industry*, Univ. of California, Berkeley W., Reuther L.D., Batchelor and Webber H.G, 1967.
12. Verzera A., Trozzi A., Modello L., Dellacassa E., Lorenzo D. Uruguayan essential oil of citrus clementine Hort, *Flav. Fragr. J.* 1998, **13**, 189-195.
13. Perez-Lopez A.J., Lopez-Nicolas J.M., Carbonell-Barrachina A.A, Effects of organic farming on minerals contents and aroma composition of Clemenules mandarin juice, *Eur. Food Res. Technol.*, 2007, **225**, 255-260.
14. Wilkes J.G., Conte E.D., Kim Y., Holcomb M., Sutherland J.B., Miller D.W., Sample preparation for the analysis of flavors and off-flavors in foods, *J. Chromatogr. A*, 2000, **880**, 3-33.
15. Roche H.M., Gibney M.J., Kafatos A., Zampelas A., Williams C.M. Beneficial properties of olive oil, *Food Res. Int.*, 2000, **33**, 227-231.
16. AFIDOL-ONIOL, L'oléiculture en France, *Olivae*, **86**, 13-19. 2001.
17. Tura D., Prenzler P.D., Bedgood D.R., Antolovich M., Robards K., Varietal and processing effects on the volatile profile of Australian olive oil, *Food Chem.*, 2004, **84**, 341-349.
18. Vichi S., Castellote A.l., Pizzale L., Conte L.S., Buxaderas S., Lopez-Tamames E., Analysis of virgin olive oil volatile compounds by headspace solid-phase microextraction coupled to gas chromatography with mass spectrometric and flame ionization detection, *J. Chromatogr. A*, 2003, **983**, 19-33.
19. Cavalli J.F., Fernandez X., Lizzani-Cuvelier L., Loiseau A.M., Characterization of volatile compounds of french and spanish virgin olive oils by HS-SPME : Identification of quality-freshness markers, *Food Chem.*, 2004, **88**, 151-157.
20. Angerosa F., Servili M., Selvaggini R., Taticchi A., Esposito S., Montedoro G., Volatile compounds in virgin olive oil : occurrence and their relationship with the quality, *J. Chromatogr. A*, 2004, **1054**, 17-31.
21. Formácek V., Kubeczka K.H., Essential Oils Analysis by Capillary Gas Chromatography and Carbon-13 NMR Spectroscopy, John Wiley & Sons, Chichester, 1982.
22. Formácek V., Kubeczka K. H., ^{13}C NMR Analysis of Essential Oils in Aromatic Plants : Basic and Applied Aspects. Margaris N., Koedam A., Vokou D., Ed., Martinus Nijhoff, La Haye, 1982, 177-181.

23. Kubeczka K.H., Formàcek V., Application of Direct Carbon-13 NMR Spectroscopy in the Analysis of Volatiles, Schreier P. Ed., Walter de Gruyter & Co, Berlin, 1984, 219-230.

24. Tomi F., Bradesi P., Bighelli A., Casanova J., Computer-Aided Identification of Individual Components of Essential Oils using Carbon-13 NMR Spectroscopy, *J. Magn. Reson Anal.*, 1995, **1**, 25-34.

25. Bradesi P., Bighelli A., Tomi F., Casanova J., L'analyse des mélanges complexes par RMN du carbone-13 – Partie 1 et 2, *Can. J. Appl. Spectro.*, 1996, **41**, 15-24 et p.41-50.

26. Muñoz-Olivas R., Screening analysis: an overview of methods applied to environmental, clinical and food analyses, *Trends Anal. Chem.*, 2004, **23**, 203-216.

27. Mariott P.J., Shellie R., Cornwell C., Gas chromatographic technologies for the analysis of essential oils, *J. Chromatogr. A.*, 2001, **936**, 1-22.

28. Augusto F., Leite e Lopes A., Zini C.A., Sampling and sample preparation for analysis of aromas and fragrances. *Trends Anal. Chem.*, 2003, **22**, 160-169.

29. Joulain D., Method for Analysing Essential Oil. Modern Analysis Methodologies : Use and Abuse, *Perfum. Flavor*, 1994, **19**, 5-17.

30. Bauer K., Garbe D., Surburg H., Common Fragrance and Flavor Materials, Preparation, Properties and Uses, *Verlag Chemie Int.*, 1990, Second Edition, New-York.

31. Takeoka G.R., Buttery R.G., Ling L.C., Wong L.Y., Dao L.T., Edwards R.H., Berrios J.J., Odor thresholds of various unsaturated branched esters, *Lebensm.-Wiss. u-Technol.*, 1998, **31**, 443-448.

32. Nagata Y., Measurement of Odor Threshold by Triangle Odor Bag Method, *Bulletin of Japan Environmental Sanitation Center*, 1990, **17**, 77-89.

33. Augusto F., Valente A.L.P. Applications of solid-phase microextraction to chemical analysis of live biological samples, *Trends Anal. Chem.*, 2002, **21**, 428-438.

34. Kataoka H., Lord H.L., Pawlisyn J., Applications of solid-phase micro-extraction and gas chromatography in food analysis., *J. Chromatogr. A*, 2000, **800**, 35-62.

35. Sides A., Robards K., Helliwell S., Developments in extraction techniques and their application to analysis of volatiles in foods, *Lebensm.-Wiss. u-Technol.*, 2000, **19**, 322-329.

36. Pillonel L., Bosset J.O., Tabacchi R., Rapid preconcentration and enrichment techniques for the analysis of food volatile. A review, *Lebensm.-Wiss. u-Technol.*, 2002, **35**, 1-14.

37. Pourmortazavi S.M., Hajimirsadeghi S.S. Supercritical fluid extraction in plant essential and volatile oil analysis, *J. Chromatogr. A*, 2007, **1163**, 2-24.

38. Bicchi C., Cordero C., Sgorbini B., Rubiolo P., Headspace sampling of the volatile fraction of vegetable matrices, *J. Chromatogr. A*, 2007, in press.

39. Buldini P.L., Ricci L., Sharma J.L., Recent applications of sample preparation techniques in food analysis, *J. Chromatogr. A*, 2002, **975**, 47-70.

40. Lang Q., Wai C.M., Supercritical fluid extraction in herbal and natural product studies – a pratical review, *Talanta*, 2001, **53**, 771-782.

41. Ridgway K., Lalljie S.P.D., Smith R.M. Sample preparation for the determination of trace residues and contaminants in foods, *J. Chromatogr. A*, 2007, **1153**, 36-53.

42. Mendiola J.A., Herrero M., Cifuentes A., Ibañez E. Use of compressed fluids for sample preparation: Food applications, *J. Chromatogr. A*, 2007, **1152**, 234-246.

43. Pharmacopée Européenne, Conseil de l'Europe, Strasbourg, 5ième Edition, 2004, Supplément 5.8.

44. Diaz-Maroto M.C., Perez-Coello M.S., Cabezudo M.D. Supercritical carbon dioxide extraction of volatiles from spices. Comparison with simultaneous distillation-extraction, *J. Chromatogr. A*, 2002, **947**, 23-29.

45. Jimenez-Carmona M.M., Ubera J.L., Luque de Castro M.D. Comparison of continuous subcritical water extraction and hydrodistillation of marjoram essential oil, *J. Chromatogr. A*, 1999, **855**, 625-632.

46. Lucchesi M.E., Chemat F., Smadja, J. Solvent-free microwave extraction of essential oil from aromatic herbs: comparison with conventional hydro-distillation, *J. Chromatogr. A*, 2004, **1043**, 323-327.

47. Craveiro A.A., Matos F.J.A., Alencar J.W. Microwave Oven extraction of an essential oil. *Flav. Fragr. J.*, 1989, **4**, 43-44.

48. Collin G.J., Lord D., Allaire J., Gagnon D. Huiles essentielles et extraits « micro-ondes ». *Parfums, Cosmét. Arômes*, 1991, **97**, 105-112.

49. Chen S.S., Spiro M. Study of microwave extraction of essential oil constituents from plants materials, *J. Microw. Electromagn. Energy*, 1994, **29**, 231-241.

50. Paré J.R., Belanger M.R., Stafford S. S. Microwave-Assisted Process (MAP™): a new tool for the analytical laboratory, *Trends Anal. Chem.*, 1994, **13**, 176-184.

51. Luque de Castro M.D., Jimenez-Carmona M.M., Fernandez-Perez V. Towards more rational techniques for the isolation of valuable essential oils from plants, *Trends Anal. Chem.*, 1999, **18**, 708-716.

52. Lucchesi M.E., Chemat F., Smadja J. An original solvent free microwave extraction of essential oils from spices, *Flav. Fragr. J.*, 2004, **19**, 134-138.

53. Chemat S., Aït-Amar H., Lagha A., Esveld D.C., Micro-assisted extraction kinetics of terpene from caraway seeds. *Chemical Engineering and Processing*, 2005, **44**, 132-1326.

54. Wang L., Weller C. L. Recent advances in extraction of nutraceuticals from plants, *Trends Food Sci. Technol.*, 2006, **17**, 300-312.

55. Ferhat M.A., Meklati B., Smadja J., Chemat F. An improved microwave Clevenger apparatus for distillation of essential oil from orange peel, *J. Chromatogr. A*, 2006, **1112**, 121-126.

56. Chemat F., Lucchesi M. E., Smadja J., Favretto L., Colnaghi G., Visinoni F., Microwave accelerated steam distillation of essential oil from lavender: a rapid, clean and environmentally friendly approach, *Anal. Chim. Acta*, 2006, **555**, 157-160.

57. Wang Z., Ding L., Li T., Zhou X., Wang L., Zhang H., Liu L., Li Y., Liu Z., Wang H., Zeng H., He H. Improved solvent-free microwave extraction of essential oil from dried *Cumin cyminum* L. and *Zanthoxylum bungeanum* Maxim, *J. Chromatogr. A*, 2006, **1102**, 11-17.

58. Deng C., Xu X., Yao N., Li N., Zhang X. Rapid determination of essential oil compounds in *Artemisia selengensis* Turcz by gaz chromatography-mass spectrometry with microwave distillation and simultaneous solid-phase microextraction, *Anal. Chim. Acta*, 2006, **556**, 289-294.

59. Lucchesi M.E., Smadja J., Bradshaw S., Louw W., Chemat F. Solvent free microextraction of *Elletaria cardamomum* L.: A multivariate study of a new technique for the extraction of essential oil, *J. Food Engin.*, 2007, **79**, 1079-1086.

60. Flamini G., Tebano M., Cioni P.L., Ceccarini L., Ricci A.S., Longo I. Comparison between the conventional method of extraction of essential oil of *Laurus nobilis* L. and a novel method which uses microwaves applied in situ, without resorting to an oven, *J. Chromatogr. A*, 2007, **1143**, 36 40.

61. Yu Y., Huang T., Yang B., Liu X., Duan G., Development of gaz chromatography-mass spectrometry with microwave distillation and simultaneous soli-phase microextraction for rapid determination of volatile constituents in ginger, *J. Pharmaceut. Biomed.*, 2007, **43**, 24-31.

62. Kaufmann B., Christen P. Recent extraction techniques for natural products: Microwave-assisted extraction and pressurized solvent extraction, *Phytochem. Anal.*, 2003, **13**, 105-113.

63. Eskilsson C.S., Björklund E. Analytical-scale microwave-assisted extraction. *J. Chromatogr. A*, 2000, **902**, 227-250.

64. Kolb B., Headspace sampling with capillary columns, *J. Chromatogr. A*, 1999, **842**, 163-205.

65. Snow N.H., Slack G.C., Head-space analysis in modern gas chromatography, *Trends Anal. Chem.*, 2002, **21**, 608-617.

66. Bicchi C., Cordero C., Liberto E., Rubiolo P., Sgorbini B. Automated headspace solid-phase dynamic extraction to analyse the volatile fraction of food matrice, *J. Chromatogr. A*, 2004, **1024**, 217-226.

67. Musshoff F., Lachenmeier D.W., Kroener L., Madea B. Automated headspace solid-phase dynamic extraction for the determination of amphetamines and synthetic designer drugs in hair samples, *J Chromatogr. A*, 2002, **958**, 231-238.

68. Segal A., Gorecki T., Mussche P., Lips J., Pawliszyn J., Development of membrane extraction with a sorbent interface–micro gas chromatography system for field analysis, *J. Chromatogr. A*, 2000, **873**, 13-27.

69. Wang L., Lord H., Morehead R., Dorman F., Pawliszyn J. Sampling and Monitoring of Biogenic Emissions by *Eucalyptus* Leaves Using Membrane Extraction with Sorbent Interface (MESI), *J. Agric. Food Chem.*, 2002, **50**, 6281-6286.

70. Liu X., Pawliszyn R., Wang L., Pawliszyn J. On-site monitoring of biogenic emissions from *Eucalyptus dunnii* leaves using membrane extraction with sorbent interface combined with a portable gas chromatograph system, *Analyst*, 2004, **129**, 55-62.

71. Bicchi C., Cordero C., Iori C., Rubiolo P., Sandra P. Headspace sorptive extraction (HSSE) in the headspace analysis of aromatic and medicinal plants, *J. High Resol. Chromatogr.*, 2000, **23**, 539-546.

72. Bicchi C., Cordero C., Liberto E., Rubiolo P., Sgorbini B., David F., Sandra P. Dual-phase twisters: A new approach to headspace sorptive extraction and stir bar sorptive extraction, *J. Chromatogr. A*, 2005, **1094**, 9-16.

73. Cavalli J.F., Fernandez X., Lizzani-Cuvelier L., Loiseau A.M., Comparison of static headspace, headspace solid phase microextraction, headspace sorptive extraction, and direct thermal desorption techniques on chemical composition of French olive oils, *J. Agric. Food Chem.*, 2003, **51**, 7709-7716.

74. Ishikawa M., Ito O., Ishizaki S., Kurobayashi Y., Fujita A., Solid-phase aroma concentrate extraction (SPACE™): a new headspace technique for more sensitive analysis of volatiles, *Flav. Fragr. J.*, 2004, **19**, 183-187.

75. Ishizaki S., Ito O., Fujita A., Kurobayashi Y., Ishikawa M. Proceedings of the 10th Weurman Flavor Research Symposium, Le Quere J.-L., Etievant P. (Eds.), Beaune, France, 2002, Tec & Doc, Paris, 2003, p. 634.

76. Bicchi C., Cordero C., Liberto E., Rubiolo P., Sgorbini B., Sandra P. Sorptive tape extraction in the analysis of the volatile fraction emitted from biological solid matrices, *J. Chromatogr. A*, 2007, **1148**, 137-144.

77. Theis A.L., Waldack A.J., Hansen S.M., Jeannot M.A., Headspace Solvent Microextraction, *Anal. Chem.* 2001, **73**, 5651-5654.

78. Besharati-Seidani A., Jabbari A., Yamini Y., Saharkhiz M.J., Rapid extraction and analysis of volatile organic compounds of Iranian feverfew (*Tanacetum parthenium*) using headspace solvent microextraction (HSME), and gas chromatography/mass spectrometry, *Flav. Fragr. J.*, 2006, **21**, 502-509.

79. Arthur C.L., Pawliszyn J. Solid-phase microextraction with thermal desorption using fused silica optical fibers, *Anal. Chem.*, 1990, **62**, 2145-2148.

80. Zhang Z., Pawliszyn J. Headspace solid-phase microextraction, *Anal. Chem.*, 1993, **65**, 1843-1852.

81. Stashenko E.E., Martinez J.R., Sampling volatile compounds from natural products with headspace/solid-phase micro-extraction, *J. Biochem. Biophys. Methods*, 2007, **70**, 235-242.

82. Pawliszyn J., *Applications of Solid phase microextraction*, Royal Society of Chemistry, Cambridge, 1999.

83. Jackobsen H.B., *Plant volatile analysis. Modern methods of plant analysis*. Vol. 19, Springer, Dordrecth, 1997.

84. Wardencki W., Micheluc M., Curylo J., A review of theoretical and practical aspects of solid-phase microextraction in food analysis, *Int. J. Food Sci. Technol.*, 2004, **39**, 703-717.

85. Musteata J., Pawliszyn J. *In vivo* sampling with solid phase microextraction, *J. Biochem. Biophys. Methods*, 2007, **70**, 181-193.

86. Penalver R., Pocurull E., Borrul P., Marce R.M., Evaluation of parameters in solid phase microextraction process, *Chromatographia*, 1999, **50**, 685-688.

87. Bicchi C., Cordero C., Liberto E., Rubiolo P., Rubiolo P. Reliability of fibres in solid-phase microextraction for routine analysis of the headspace of aromatic and medicinal plants, *J. Chromatogr. A*, 2007, **1152**, 138-149.

88. Dietz C., Sanz J., Camara C. Recent developments in solid-phase microextraction coatings and related techniques, *J. Chromatogr. A*, 2006, **1103**, 183-192.

89. Bruheim I., Liu X., Pawliszyn J., Thin-Film Microextraction, *Anal. Chem.* 2003, **75**, 1002-1010.

90. Cuevas-Glory L.F., Pino J.A., Santiago L.S., Sauri-Duch E., A review of volatile analytical methods for determining the botanical origin of honey, *Food Chem.*, 2007, **103**, 1032-1043.

91. Ai J., Solid Phase Microextraction for Quantitative Analysis in Nonequilibrium Situations, *Anal. Chem.*, 1997, **69**, 1230-1236.

92. Bicchi C., Drigo S., Rubiolo P., Influence of fibre coating in headspace solid-phase microextraction-gas chromatographic analysis of aromatic and medicinal plants, *J. Chromatogr. A*, 2000, **892**, 469-485.

93. Bertoli A., Pistelli L., Morelli I., Fraternale D., Giamperi L., Ricci D., Volatile constituents of different parts (roots, stems and leaves) of *Smyrnium olusatrum* L., *Flav. Fragr. J.*, 2004, **19**, 522-525.

94. Demirci B., Demirci F., Baser H.C., Headspace-SPME and hydrodistillation of two fragrant *Artemisia* sp., *Flav. Fragr. J.*, 2005, **20**, 395-398.

95. Bertili A., Pistelli L., Morelli I., Fraternale D., Giamperi L., Ricci D., Volatile constituents of micropropagated plants of *Bupleurum fructicosum* L., *Plant Sci.*, 2004, **167**, 807-810.

96. Flamini G., Cioni P.L., Morelli I., Use of solid-phase micro-extraction as a sampling technique in the determination of volatiles emitted by flowers, isolated flower parts and pollen, *J. Chromatogr. A*, 2003, **998**, 229-233.

97. Flamini G., Cioni P.L., Morelli I., Maccioni S., Baldini R., Phytochemical typologies in some populations of *Myrtus communis* L. on Caprione Promontory, *Food Chem.*, 2004, **85**, 599-604.

98. Flamini G., Cioni P.L., Morelli I., Composition of the essential oils and in vivo emission of volatiles of four *Lamium* species from Italy: *L. purpureum*, *L. hybridum*, *L. bifidum* and *L. amplexicaule*, *Food Chem.*, 2005, **91**, 63-68.

99. Steffen A., Pawliszyn J., Analysis of flavour volatile using headspace solid-phase microextraction, *J. Agric. Food Chem.* 1996, **42**, 2187-2193.

100. Servili M., Selvaggini R., Begliomini A.L., Montedoro G.F., Effect of thermal treatment in the headspace volatile compounds of tomato juice, *Dev. Food Sci.* 1998, **40**, 315-319.

101. Riu Aumatell M., Castellari M., Lopez-Tamames E., Galassi S., Buxaderas S., Characterisation of volatile compounds of fruit juices and nectars by HS/SPME and GC/MS, *Food chem.*, 2004, **87**, 627-637.

102. Golaszenki R., Sims C.A., Keefe O., Braddock R.J. Sensory attributes and volatile components of stored strawberry juice, *J. Food Sci.*, 1998, **63**, 734-738.

103. Haleva-Toledo E., Naim M., Zehavi U., Rousseff R. L. Formation of alpha-terpineol in citrus juice and buffer solutions, *J. Food Sci.*, 1999, **64**, 838-841.

104. Peréz A.G., Luaces P., Oliva J.J., Rios J., Sanz C. Changes in vitamin C and flavour components of mandarin juice due to curing of fruits, *Food Chem.* 2005, **91**, 19-24.

105. Jordan M.J., Tillman T.N., Mucci B., Laencina J. Using HS-SPME to Determine the effect of Reducing Insoluble Solids on Aromatic Composition of Orange juice, *Lebensm. -Wiss. u.- Technol.*, 2001, **34**, 244-250.

106. Rega B., Fournier N., Guichard E. Solid Phase Microextraction (SPME) of orange juice flavor: Odor Representativeness by Direct Gas Chromatography Olfactometry (D-GC-O), *J. Agric. Food Chem.*, 2003, **51**, 7092-7099.

107. Jia M., Zhangn Q.H., Min D. B. Optimization of solid-phase microextraction analysis for headspace flavor compounds of orange juice, *J. Agric. Food Chem.*, 1998, **46**, 2744-2747.

108. Mahattanatawee K., Rouseff R., Valim M.F., Naim M., Identification and aroma impact of norisoprenoids in orange juice, *J. Agric. Food Chem.*, 2005, **53**, 393-397.

109. Vichi S., Guadayol J.M., Caixach J., Lopez-Tamames E., Buxaderas S., Monoterpenes and sesquiterpenes hydrocarbons of virgin olive oil by headspace solid-phase microextraction coupled to gas chromatography/mass spectrometry, *J. Chromatogr. A*, 2006, **1125**, 117-123.

110. Kalua C.M., Bedgood D.R., Prenzler P.D., Development of a headspace solid phase microextraction-gas chromatography method for monitoring volatile compounds in extended time-course experiments of olive oil, *Anal. Chim. Acta*, 2006, **556**, 407-414.

111. Vichi S., Pizzale L., Conte L.S., Buxaderas S., Lopez-Tamames E., Simultaneous determination of volatile and semi-volatile aromatic hydrocarbons in virgin olive oil by headspace solid-phase microextraction coupled to gas chromatography/mass spectrometry, *J. Chromatogr. A*, 2005, **1090**, 146-154.

112. Angerosa F., Mostallino R., Basti C., Vito R., Influence of malaxation temperature and time on the quality of virgin olive oil, *Food Chem.*, 2001, **72**, 19-28.

113. Kalua C.M., Allen M.S., BedgoodD.R., Bishop A.G., Prenzler P.D., Robards K., Olive oil volatile compounds, flavour development and quality : a critical review, *J. Chromatogr. A*, 2007, **100**, 273-286.

114. Jennings W., Shibamoto T., Qualitative analysis of flavour and fragrance volatiles by glass-capillary gas chromatography, Ed. Jovanovitch H.B., Academic Press, New-York, 1980.

115. Joulain D., König W.A., *The atlas of spectral data of sesquiterpene hydrocarbons, Hambourg*, Ed. E.B. Verlag, 1998.

116. Köning W.A., Hochmuth D.H., Joulain D., *Terpenoids and related constituents of essential oils*, Library of MassFinder 2.1, Institute of organic chemistry, Hambourg, Germany, 2001.

117. McLafferty F.W., Stauffer D.B., *The Wiley/NBS Registry of Mass Spectral Data*, 4th Ed. Wiley-Interscience, New York, 1988.

118. McLafferty F.W., Stauffer D.B., *Wiley Registry of Mass Spectral Data*, 6th Ed. Mass Spectrometry Library Search System Bench-Top/PBM, version 3.10., Newfield, 1994.

119. Adams R.P., *Identification of essential oil components by gaz chromatography / quadrupole mass spectroscopy*, Allured Publishing, Carol Stream, Illinois, 2001.

120. National Institute of Standards and Technology. PC Version 1.7 of The NIST/EPA/NIH Mass Spectra Library. Perkin-Elmer Corp: Norwalk, CT, 1999.

121. Hadjieva P., Sandra P., Stoinova-Ivanova B., Verzele M., Open tubular gas chromatography-mass spectral « electron impact and chemical ionization » - analysis of bulgarian rose oil (*Rosa damascena* mill.), *Rivista italiana EPPOS*, 1980, **62**, 367-372.

122. Vernin G., Faure R., Pieribattesti J.C., Two ent-Kauranoid Diterpenes Constituents of *Cryptomeria japonica* D. Don: α-Kaurene and 16-Hydroxy-α-Kaurane, *J. Essent. Oil Res.*, 1990, **2**, 211-214.

123. Vernin G., Metzger J., Suon K.N., Fraisse D., Ghiglione C., Hamoud A., Párkányi C., GC-MS SPECMA Bank Analysis of Essential Oils and Aromas. GC-MS-EI-PCI Data Bank Analysis of Sesquiterpenic Compounds in Juniper Needle Oil, *Lebensm. -Wiss. u. -Technol.*, 1990, **23**, 25-33.

124. Vernin G., Lageot C., Couplage CPG/SM pour l'analyse des arômes et des huiles essentielles, *Analysis*, 1992, **20**, 34-39.

125. Schultze W., Lange G., Schmaus G., Isobutane and ammonia chemical ionization mass spectrometry of sesquiterpene hydrocarbons, *Flav. Fragr. J.*, 1992, **7**, 55-64.

126. Lange G., Schultze W., *Studies on Terpenoid and Non-Terpenoid Esters Using Chemical Ionization Mass Spectrometry in GC/MS Coupling*, in *Bioflavour'87*, Schreier P. Ed., de Gruyter W.& Co., Berlin, New-York, 1988, 105-114.

127. Lange G., Schultze W., *Differentiation of Isopulegol Isomers by Chemical Ionization Mass Spectrometry*, in *Bioflavour'87*, P.Schreier Ed., W. de Gruyter & Co., Berlin, New-York, 1988, 115-122.

128. Lange G, Schultze W., Application of isobutane and ammonia chemical ionization mass spectrometry for the analysis of volatile terpene alcohols and esters, *Flav. Fragr. J.*, 1987, **2**, 63-73.

129. Bicchi C., Frattini C., Raverdino V., Considerations and remarks on the analysis of *Anthemis nobilis* L. essential oil by capillary gas chromatography and "hyphenated" techniques, *J. Chromatogr.*, 1987, **411**, 237-249.

130. Bruins A. P., Negative Ion Chemical Ionization Mass Spectrometry in the Determination of Components in Essential Oils, *Anal. Chem.*, 1979, **51**, 967-972.

131. Bruins A.P., Gas Chromatography-Mass Spectrometry of essential oils. Part II. Positive ion and negative ion chemical ionization techniques, *Capillary Gas Chromatography in Essential Oils Analysis*, Ed. Bicchi C., Sandra P., Heidelberg, Huethig Verlag, 1987, 329-356.

132. Brevard H., Spectrométrie de masse et modes d'ionisations appliqués à l'étude de l'huile essentielle de *Ruscus acuelatus,* Thèse de l'Université de Nice, 1985.

133. Hendriks H., Bruins A.P., Study of three type of essential oil of *Valeriana officinalis* L. by combined gas chromatography-negative ion chemical ionization mass spectrometry, *J. Chromgr.*, 1980, **190**, 321-330.

134. Hendriks H., Bruins A.P., A tentative identification of components in the essential oil of *Cannabis sativa* L. by a combination of gas chromatography negative ion chemical ionization mass spectrometry and retention indices, *Biochem. Mass Spectrom.*, 1983, **10**, 377-381.

135. Zupanc M., Prošek M., Dušan M., Combined CI and EI mass spectra in the analysis of essential oils, *J. High Res. Chromatog.*, 1992, **15**, 510-513.

136. Arpino P.J., L'ionisation chimique une façon de modéliser les réactions de chimie organique dans un spectromètre de masse, *L'actualité chimique*, 1982, **4**, 19-28.

137. De Hoffmann E., Charette J., Stroobant V., *Spectrométrie de masse*, Masson, 1994, Paris.

138. Harrison A.G., *Chemical ionisation mass spectrometry*, 2nd Ed. CRC Press, 1992, Boca Raton, Florida.

139. Chapman J.R., *Practical Organic Mass Spectrometry*, 2nd Ed. Wiley J. & Sons, 1998, Chichester, England.

140. Munson B., Chemical ionization mass spectrometry : ten years later, *Anal. Chem.*, 1997, **49**, 772A-778A.

141. Dougherty R.C., Negative chemical ionization mass spectrometry, *Anal. Chem.*, 1981, **53**, 625A-636A.

142. Paolini J., Costa J., Bernardini A.F., Analysis of the essential oil from aerial parts of *Eupatorium cannabinum* subsp. *corsicum* (L.) by electron impact and chemical ionization-gas chromatography-mass spectrometry, *J. Chromatogr. A*, 2005, **1076**, 170-178.

143. Paolini J., Costa J., Bernardini A.F., Analysis of the essential oil from roots of *Eupatorium cannabinum* subsp. *corsicum* (L.) by GC, GC/MS with electron impact (EI) and chemical ionization (CI) and ^{13}C-NMR, *Phytochem. Anal.,* 2007, **18**, 235-244.

144. Dung N.X., Nam V.V, Huong H.T., Leclercq P.A. Chemical Composition of the Essential Oil of *Artemisia vulgaris* L. var. *indica* Maxim. from Vietnam, *J. Essent. Oil Res.*, 1992, **4**, 433-434.

145. Hurabielle M., Malsot M., Paris M. Contribution à l'étude chimique de deux huiles d'Artemisia : *Artemisia herba-alba* Asso et *Artemisia vulgaris* L. intérêt chimiotaxonomique. XXVe Journées de l'Aromatique, Lourmarin, 16/5/81, *Rivista Italiana EPPOS*, 1981, **6**, 296-299.

146. Michaelis K., Vostronsky O., Paulini H., Zintland R., Knoblock K., Das ätherische Öle aus Blüten von *Artemisia vulgaris* L., *Z. Naturforsch*, 1982, **37C**, 152-158.

147. Tsoukatou M., Vagias C., Harvala C., Roussis V., Essential oil and Headspace analysis of the maritime *Bombycilaena erecta* and *Otanthus maritimus* species growing wild in Greece, *J. Essent. Oil. Res*, 2000, **12**, 360-364.

148. Kovacevic N.N., Lakusic B.S., Ristic M.S., Composition of the Essential Oils of Seven *Teucrium* Species from Serbia and Montenegro, *J. Essent. Oil Res.*, 2001, **13**, 163-165.

149. Chialva F., Gabri G., Liddle P.A.P., Ulian F., Indagine sulla composizione dell'olio essenziale di *Hypericum perforatum* L. e di *Teucrium chamaedrys* L. *Rivista Italiana EPPOS*, 1981, **63**, 286-288.

150. Morteza-Semnani K., Akbarzadeh M., Rostami B., The essential oil composition of *Teucrium chamaedrys* L. from Iran, *Flav. Fragr. J.*, 2005, **20**, 544-546.

151. Mártonfi P., Cernaj P., Variability of *Teucrium chamaedrys* essential oil, *Biológia Bratislava*, 1989, **44**, 245-251.

152. Ausloos P., Clifton C.L., Lias S.G., Mikaya A.I., Stein S.E., Tchekhovskoi D.V., Sparkman O.D., Zaikin V., Zhu D., The critical evaluation of a comprehensive mass spectral library, *J. Am. Soc. Mass Spectrom.*, 1999, **10**, 287-299.

153. Mc Lafferty F.W., Stauffer D.A., Loh S.Y., Wesdemiotis C., Unknown identification using reference mass spectra. Quality evaluation of databases., *J. Am. Soc. Mass Spectrom.*, 1999, 10, 1229-1240.

154. Borg-Karlson A-K., Norin T., Configurations and Conformations of Torreyol (δ-cadinol), α-cadinol, T-muurolol and T-cadinol, *Tetrahedron*, 1981, **37**, 425-430.

155. Plieninger H., Sirowej H., Notiz zur einführung von dimethylallyl-seitenketten in indolderivative, *Chem. Ber.*, 1971, **104**, 2027-2029.

156. Delle Monache F., Delle Monache G., De Moraes e Souza M.A., Cavalcanti Da salete M., Chiappetta A., Isopentenylindole derivatives and other components of Esenbeckia leiocarpa, *Gazz. Chim. Ital.*, 1989, **119**, 435-439.

157. David J.R., The biology and chemistry of the Compositae, Academic press, 1977, Vol.II, Chap. 30, 831-850.

158. Romo J, Joseph-Nathan P. The constituents of *Cacalia decomposita* A. Gray Structures of Cacalol and Cacalone, *Tetrahedron*, 1964, **20**, 2331-2337.

159. Menut C., Bessière J.M., Samate D., Djibo A.K., Buchbauer G., Schopper B. Aromatic plants of Tropical West Africa. XI. Chemical composition, Antioxidant and antiradical properties of the essential oils of three *Cymbopogon* species from Burkina Faso, *J. Essent. Oil Res*, 2000, **12**, 207-212.

160. Brophy J.J., Goldsack R.J., Forster P.I., Clarkson J.R., Fookes C.J.R., Mass spectra of some β-triketones from Australian Myrtaceae, *J. Essent. Oil Res.* 1996, **8**, 465-470.

161. Bick I.R.C., Horn D.H.S., Nuclear magnetic resonance studies. V. The tautomerism of tasmanone and related β-triketones, *Aust. J. Chem.* 1965, **18**, 1405-1410.

162. Shtacher G, Kashman Y. Chemical investigation of volatile constituents of *Inula viscosa*. *Tetrahedron*, 1971, **27**, 1343-1349.

163. Belaiche P., *Traité de phytothérapie et d'aromathérapie*. Tome 1. L'Aromatogramme., 1979, Ed. Maloine, Paris.

164. Benjilali B., Tantaoui-Elaraki E.A., Ismaili Alaoui N., Ayadi A., Method for studying the antiseptic properties of essential oils by direct contact in agar medium, *Plant. Méd. Phytothér.*, 1986, **20**, 155-167.

165. Rossi P-G., Bao L., Luciani A., Panighi J., Desjobert J-M., Costa J., Casanova J., Bolla J-M., Berti L., (*E*)-Methylisoeugenol and Elemicin: Antibacterial Components of *Daucus carota* L. essential Oil against *Campylobacter jejuni, J. Agric. Food Chem.*, 2007, **55**, 7332 -7336,

166. Liu K., Rossi P-G. , Ferrari B., Berti L., Casanova J., Tomi F., Composition, irregular terpenoids, chemical variability and antibacterial activity of the essential oil from *Santolina corsica* Jordan et Fourr., Phytochemistry, 2007, 68, 1698-1705.

167. Santoyo S., Cavero S., Jaime L., Ibanez E., Senorans F.J., Reglero G., Chemical composition and antimicrobial activity of *Rosmarinus officinalis* L. essential oil obtained via supercritical fluid extraction., *J. Food. Prot.,* 2005, **68,** 790-795.

168. Teisseire P. J., *Chimie des substances odorantes*, Edition Lavoisier Tec & Doc, 1991.

169. Price L., Price S., *Understanding Hydrolats: The Specific Hydrosols for Aromatherapy: A Guide for Health Professionals*, Churchill Livingstone Publisher, 2004.

170. Marquez B., Bacterial efflux systems and efflux pumps inhibitors, *Biochimie*, 2005, **87**, 1137-1147.

171. Ríos J. L., Recio M.C. Medicinal plants and antimicrobial activity, *J. Ethnopharmacol.*, 2005, 100, 80-84.

172. Raskin I., Ribnicky D.M., Komarnytsky S., Ilic N., Poulev A., Borisjuk N., Brinker A., Moreno D. A., Ripoll C., Yakoby N., O'Neal J.M., Cornwell T., Pastor I., Fridlender B., Plants and human health in the twenty-first century, Trends in Biotechnol., 2002, **20**, 522-531.

173. McChesney J.D., Venkataraman S.K., Henri J.T. Plant Natural products: Back to the future or into extinction?, *Phytochemistry*, 2007, **68**, 2015-2022.

Printed by Books on Demand GmbH, Norderstedt / Germany